Das WASSER der Alpen

Felix Neureuther · Christian Neureuther
Bernd Ritschel · Michael Ruhland

Das WASSER der Alpen

Der kostbarste Schatz
der Berge und wie wir
ihn bewahren können

NATIONAL GEOGRAPHIC

Wimbachklamm, Berchtesgadener Alpen

Links: Fanesbach, Dolomiten
Oben: Heckenbach, Bayerische Alpen

Chiemsee, Oberbayern

www.fan-yachten.de
BAR - AH 111

Links: Soča, Slowenien
Oben: Sylvensteinsee, Bayerische Alpen

Pragser Wildsee, Südtirol

Oben: Venter Ache, Ötztaler Alpen
Rechts: Gaislachsee, Ötztaler Alpen

INHALT

VORWORT

Ich bin nah am Wasser gebaut! Das sagt man gerne, wenn einem schnell die Tränen kommen. Ich sehe das nicht als Schwäche, sondern eher als Stärke.

Ohne Wasser kein Leben – ohne Tränen keine Emotionen. Doch ohne Emotionen und die damit verbundene Sensibilität kann man die wirklichen Probleme unserer Zeit gar nicht richtig einordnen. Nur wer mit dem Herzen sieht, erkennt, wie sehr sich unsere Welt verändert – und wie sehr es an uns liegt, sie mit Respekt zu behandeln.

Dieses Buch ist für mich eine spezielle Herzensangelegenheit, weil es viel mit meiner Familie zu tun hat. Es stellt eine Verbindung zwischen den Generationen dar: Felix und ich – Vater und Sohn, mit unseren gemeinsamen Leidenschaften und Wurzeln in den Bergen. Und wenn ich in die Augen meiner Enkelkinder schaue, dann spüre ich, wie wichtig es ist, Emotionen und damit auch Verantwortung weiterzugeben. Für sie. Für das, was weiterfließt.

Wasser – das ist für mich der Inbegriff des Lebens. In den Bergen, meiner Heimat, entspringt es. Aus glitzernden Schneefeldern, aus langsam schmelzenden Gletschern, aus kleinen Quellen, die über Moos und Stein ins Tal rinnen. Und von dort fließt es weiter – durch Flüsse, durch Auen, durch Städte, bis hinaus ins Meer. Auf seinem Weg dorthin versorgt es Menschen, Tiere, Pflanzen. Es ist das Essenziellste, was wir

»Dieses Buch ist für mich eine spezielle Herzensangelegenheit, weil es viel mit meiner Familie zu tun hat. Es stellt eine Verbindung zwischen den Generationen dar: Felix und ich – Vater und Sohn, mit unseren gemeinsamen Leidenschaften und Wurzeln in den Bergen.«

haben. Und zugleich das »Schmelzendste«. Ich habe das Wasser in meiner Kindheit als etwas Selbstverständliches erlebt. Es war einfach da – wie der Schnee im Winter oder der klare Bach im Frühling. Doch heute ist das anders: Die Gletscher werden kleiner. Quellen versiegen. Wetterextreme nehmen zu. Und plötzlich merken wir: Was wir für ewig hielten, ist in Gefahr. Gerade in den Alpen, wo das Wasser seinen Anfang nimmt, zeigt sich diese Veränderung mit größter Deutlichkeit.

Ich kann ganz ehrlich sagen, dass die Idee zu diesem Buch von unserem engen

Christian Neureuther mit seinem Sohn Felix

Freund und Wegbegleiter Bernd Ritschel kam. Keiner spürt die Berge, die Natur, das Licht und die Stimmung der Alpen so intensiv wie er und keiner versteht es besser, diese Empfindungen in Bilder zu verwandeln. Dieses Buch ist Ausdruck unserer Verbundenheit.

Dazu Michael Ruhland, der uns jetzt schon im dritten Buch »sein Wort« gibt. Er ist für uns nicht nur Autor und Journalist, sondern unser entscheidender Strukturgeber und Berater. Sein ganzes journalistisches Leben beschäftigt er sich mit der alpinen Welt und deren ökologischen und gesellschaftlichen Zusammenhängen. Durch seine Recherchen wurde uns die Komplexität des Themas »Wasser« nochmals so richtig fundiert deutlich gemacht.

Felix und ich wünschen uns, dass dieses Buch nicht nur die Schönheit des Wassers zeigt, sondern auch ein Bewusstsein schafft. Für seine Bedeutung. Für seinen Weg. Und für unsere gemeinsame Verantwortung. Denn wer nah am Wasser gebaut ist, der weiß auch: Es ist höchste Zeit, genau hinzusehen.

Christian Neureuther

GRUSSWORT

*»Das Wasser der Alpen –
der Ursprung des Lebens«*

Wasser ist die Wohnstätte des Lebens. Wasser ist ein Stoff, so alltäglich und zugleich so kostbar, so mächtig wie verletzlich. Wasser kann Leben schenken und Leben nehmen. Es kann beruhigen und zerstören. Es kann uns tragen – und überfluten. Wasser ist Poesie, Wasser ist Politik. Wasser ist Schönheit. Wasser ist Streit. Schon heute werden Kriege um Wasser geführt. Morgen sicher noch mehr.

Und deshalb ist dieses Buch nicht nur ästhetisch klug gewählt – es ist hochaktuell. Wasser ist heute eine der zentralen ökologischen und sozialen Fragen unserer Zeit.

Dieses Buch schenkt uns Bilder und Geschichten, die bleiben. Nicht nur auf Papier – sie bleiben in uns. Es sind Bilder, die uns im Leben halten, die uns am Leben halten. Denn Fotografien können emotionalisieren, bewegen, beleuchten. Fotografien können beruhigen und aufwiegeln, können ermuntern und traurig machen. Können verwirren und erklären. Können eine Millisekunde verewigen oder jahrelange Entwicklungen zum Halten bringen. Sie können uns zum Handeln animieren, ebenso wie zum Wegsehen. Die Fotografie spricht eine universelle Sprache und kennt doch tausend Dialekte. Besser als jede noch so eindrückliche Rede, als jedes Wort, gelingt es Fotografinnen und Fotografen, das Leben in all seiner Wucht darzustellen und mit ungeheurer Macht den direkten Weg in unsere Herzen zu finden. Die fantastischen Bilder von Bernd Ritschel zeigen das eindrucksvoll. Sie sind nicht nur fotografische Meisterleistung, nicht nur große Kunst der Naturfotografie, sie sind auch ein Appell. Ein Appell, hinzusehen, hinzuhören, hinzufühlen.

Bernd Ritschel, seit Jahrzehnten unterwegs mit Kamera und Herz für die Berge, hat die Gletscher wachsen und schrumpfen sehen. Seine Bilder tragen Spuren – nicht nur vom Wind, vom Regen, vom Licht, von der Vergänglichkeit – sondern auch vom Menschen, der zu oft vergisst oder ignoriert, wie eng unser Schicksal mit dem des Wassers verbunden ist.

Die Reportagen und Interviews Michael Ruhlands vermitteln auf eindrückliche Weise, wie reich und zugleich verletzlich der Natur- und Kulturraum der Alpen ist. Sie zeigen auf, dass gerade die Energiewende Konflikte zwischen Klima- und Naturschutz birgt.

Lassen Sie uns gemeinsam mit Bedacht und großer Sorgfalt das kostbare Gut Wasser schützen.

Mein herzlicher Dank gilt Felix und Christian Neureuther für dieses großartige Buch und für ihren Einsatz zum Schutz der Alpen und somit zum Erhalt unserer Lebensgrundlagen.

Claudia Roth MdB
Staatsministerin für Kultur und Medien a.D.

URSPRUNG ALLEN LEBENS

Das Werk des Wassers – der besondere Schatz aus den Bergen

Im Element: Partnachklamm und Höllentalklamm

Die Vorbilder – Flusswildnis am Tagliamento und Lech

Der junge Fischer vom Walchensee

Das Flussbett des Tagliamento im Friaul,
des letzten echten Wildflusses der Alpen,
ist so breit wie der Lago Maggiore.

Der Pass Lunghin an der Grenze zwischen Engadin, Bergell und Surses ist eine dreifache Wasserscheide. Hier entspringen Inn, Mera und Gelgia, die dem Schwarzen Meer, dem Mittelmeer und der Nordsee zufließen. Östlich unterhalb des Passes liegt der nächtliche Lägh dal Lunghin.

DAS WERK DES WASSERS

Die Berge, wie wir sie heute bestaunen, hat das Wasser in all seinen Aggregatsformen erschaffen. Gletscher und Flüsse haben die Täler und das Alpenvorland geformt. Die Erosion geht unablässig weiter. Und das Wasser der Alpen wird in Zeiten des Klimawandels für die Zukunft Mitteleuropas noch wichtiger.

Beim Aufstieg zum Pass Lunghin verdunkeln sich die Wolken. Wir legen einen Schritt zu, ein Gewitter auf 2645 Metern wäre eine böse Überraschung. Die Passhöhe gehört uns allein, kein Wanderer ist zu sehen. Es gibt hier nichts außer Schotter, Geröll – und einem Wegweiser. Der bietet keinen Schutz, lässt uns aber kurz innehalten. Weiße Schilder zeigen in drei Himmelsrichtungen und weisen auf eine Wasserscheide hin, die in den Alpen einzigartig ist. Nach Süden fließt das Regen- oder Schmelzwasser über die Mera und Adda durchs Bergell und landet im Po und schließlich in der Adria. Der Gebirgsbach Eva dal Lunghin bringt den Niederschlag nach Nordwesten zur Julia und weiter zum Rhein, der wiederum nach seiner langen Reise in die Nordsee mündet. Und der Inn, der im 150 Höhenmeter unterhalb gelegenen Lägh dal Lunghin seine Quelle hat, wie der Lunghinsee im Bergeller Dialekt heißt, fließt in östlicher Richtung zum Silser See und liefert seine großen Wassermengen später an die Donau und damit bis ins Schwarze Meer. Ein Regentropfen am Pass Lunghin kann also je nach Wetterlage und Windrichtung in drei verschiedenen Meeren landen. Schöner Gedanke, aber dafür ist jetzt keine Zeit.

Wolkenfetzen branden von Süden her über den Piz Lunghin (2780 m) und verheißen nichts Gutes. Ein dumpfes Grollen wirkt als zusätzliche

Aus den 12 000 Millionen Tonnen Gestein des nacheiszeitlichen Bergsturzes von Flims schuf der Vorderrhein eine bizarre Flusslandschaft. Vierbeinige Kletterer fühlen sich in dem abschüssigen Gelände sichtlich wohl.

Warnung, wir steigen schleunigst ab zum Lunghinsee. Kaum haben wir die Regensachen übergezogen, peitscht der Wind Regen und Graupel in alle Richtungen. Wir kauern uns in eine Bodenmulde und haben Glück, dass uns das Gewitter nur streift. 20 Minuten später ist der Spuk vorbei, der Himmel ist wieder klar, und im Abstieg nach Maloja leuchtet die Sonne auf das Oberengadiner Hochtal mit den vier von der letzten Eiszeit vermachten Seen Silser-, Silvaplaner-, Champfèrer- und St. Moritzersee.

Das unermüdliche Werk des Wassers

Die Wanderung vom Septimerpass über den Lunghin ins Engadin zeigt im Kleinen den Formenschatz der Alpen, den Eis und Flüsse über die Jahrtausende geschaffen haben. Täler wie das Oberengadin wurden von großen Gletschern in U-Form ausgeschliffen. Weiter westlich hat der Hinterrhein die Schlucht »Via Mala« in das Gestein gefräst. Der Name »Schlechter Weg« bezeugt zugleich die Mühsal, mit der der Mensch solch natürliche Hindernisse zu überwinden suchte, in diesem Fall schon die Römer.

Wer heute vom Anblick der Drei Zinnen in Ehrfurcht erstarrt oder am Südtiroler Ritten ungläubig vor einem Ensemble von Erdpyramiden steht, die wie von Außerirdischen erschaffene Skulpturen wirken, der blickt überall auf das Werk des Wassers. Es ist eine stetige und kraftvolle Arbeit, die auch heute noch weitergeht. Manchmal ist sie filigran, wie das Schaffen eines Schnitzers oder Stuckateurs, manchmal brachial wie eine Tunnelbohrmaschine. Apropos Tunnel: Das Wasser wirkt auch im Verborgenen, im Innern der Berge. Kalkstein löst es beharrlich auf und schafft so nicht nur Einsturztrichter, sondern auch Höhlensysteme von gigantischem Ausmaß. Das Hölloch im Schweizer Kanton Schwyz ist mit aktuell 212 Kilometern erforschter Länge eines der größten Höhlensysteme der Welt. Der Höhenunterschied zwischen dem tiefsten und höchsten Punkt der Höhle beträgt mehr als tausend Meter. Gletscher haben Milliarden Tonnen Alpenge-

Der Rhein hat zwei Quellflüsse. Der hintere entspringt am Rheinwaldhorn, der vordere am Tomasee (im Rücken des Fotografen) im Gotthardmassiv. In der Bildmitte Straße und Bahn über den Oberalppass, rechts der Tödi (3612 m), höchster Gipfel der Glarner Alpen.

stein zermahlen und in die Täler und das Vorland geschoben. Flüsse haben das Geschiebe weitertransportiert und im Flachland als Kies, Sand und Schluff in Schwemmebenen abgelagert oder bis in die Meere transportiert. Forscher haben ausgerechnet, dass die uralpine Masse auf diese Weise bereits um die Hälfte geschrumpft ist. Dennoch wachsen die Alpen Jahr für Jahr, weil sich die afrikanische Kontinentalplatte weiterhin unter die eurasische Platte schiebt und die Bergregion anhebt – um ein bis zwei Millimeter pro Jahr.

Man kann davon ausgehen, dass sich der Prozess der Erosion in den kommenden Jahrzehnten beschleunigt. Denn mit dem Abschmelzen der Gletscher verlieren die Berghänge an Stabilität, ihnen fehlt das Widerlager. Auch der auftauende Permafrost, der das Gestein in großen Höhen wie ein Kitt zusammenhält, führt zu mehr Fels- und Bergstürzen. Was das bedeuten kann, zeigt ein Blick in die jüngere Geschichte der Alpen. Nach dem Ende der Würmeiszeit, der letzten größeren Kaltzeit, stürzten am Flimserstein im heutigen Graubünden vor etwa 9500 Jahren bis zu zwölf Milliarden Kubikmeter Fels in die Tiefe und riegelten das Tal ab. Der Vorderrhein staute sich zu einem großen See, doch das Wasser presste und grub sich im Laufe der Jahrhunderte durch das Trümmerfeld aus Kalkgestein und schuf so die Ruinaulta, die Rheinschlucht. Bis zu 350 Meter tief und 13 Kilometer lang, zeugt die Schlucht von der unbändigen Kraft des Elements.

Der Rhein kann gut als Pate stehen für die circa 13 000 Kilometer an Flüssen, welche die

Der Fetthennen-Steinbruch (Saxifraga aizoídes) mag's feucht und ist oft im Geröllvorfeld von Gletschern anzutreffen.

Mit dem Rückzug der Gletscher bilden sich in ihrem Vorfeld neue Seen, wie hier am Chessjengletscher (Walliser Alpen).

Internationale Alpenschutzkommission CIPRA im Alpenraum ausweist. Bis zur Mündung in den Bodensee hat er 167 Kilometer zurückgelegt (und nur die zählen zur Statistik der Alpenflüsse). Doch selbst 1065 Kilometer weiter, an der Mündung in die Nordsee, stammt fast die Hälfte seines Wassers aus den Alpen. Noch eine Zahl lässt aufhorchen: Von Mai bis August bestehen 50 Prozent des Rheinwassers aus Schmelzwasser. Und ein Fünftel des Wassers der Rhone und des Po sind im Sommer allein Gletscherschmelzwasser.

Alpenwasser – für Millionen Menschen überlebenswichtig

Wenn die Gletscher verschwunden sind, wird sich das Problem der Wasserknappheit in trockenen Sommern wie 2022 also noch verstärken. Damals kam die Rheinschifffahrt über Wochen zum Erliegen, was beispielsweise Kraftstoffpreise im Süden Deutschlands in die Höhe trieb. Bilder von einem teilweise ausgetrockneten Flussbett des Po haben sich in jenem Dürresommer nicht nur ins Gedächtnis der Norditaliener eingebrannt. Im Juli 2022 wurde in mehreren Regionen Norditaliens der Notstand ausgerufen. Die Schweiz erreichte ein Hilferuf der italienischen Wasserversorger, sie möge doch den Abfluss des Lago Maggiore erhöhen, um dem Po mehr Wasser zuzuführen. Allein die Stauseen im Tessin und Piemont waren wegen des schneearmen Winters nur zu einem Drittel gefüllt – das Bittgesuch wurde abgelehnt.

Die großen Flüsse Mitteleuropas, sie alle werden vom Alpenwasser gespeist. Selbst die Donau, die im Schwarzwald entspringt, führt auf Höhe von Wien zum größten Teil Wasser, das ihr Alpenflüsse wie der Inn zugeführt haben.

Dass Wasser lebt, zeigt sich besonders schön dort, wo es fällt oder fließt. Nur schade, dass das Wasser der Cascata del Toce von den Kraftwerksbetreibern im Pomatt zeitweise reduziert wird.

Hydrologen gehen davon aus, dass 40 Prozent des Süßwassers Europas aus den Alpen kommen. 14 Millionen Menschen wohnen in dem Gebirge, weitere 20 Millionen in einem Umkreis von 40 Kilometern am Rand der Alpen. Rechnet man die Bevölkerung zusammen, die mit Alpenwasser versorgt wird, kommt man auf gut 170 Millionen Menschen. Das entspricht mehr als einem Drittel der EU-Bevölkerung.

Notwendiger Schutz der Alpenflüsse

Das Einzugsgebiet der Flüsse zu schützen und sie wieder in einen natürlicheren Zustand zu versetzen, gehört zu den Zielen, die sich die CIPRA und die EU gesetzt haben. An Rhein und Rhone sind Erneuerungen des Hochwasserschutzes am Laufen, die diese Abschnitte auch renaturieren. Das Projekt Rhesi am Unterlauf des Alpenrheins, das Österreich und die Schweiz gemeinsam umsetzen, sieht zum Beispiel vor, das Flussbett auf eine Breite von 200 bis 500 Metern aufzuweiten. Damit kann der Fluss deutlich mehr Wasser bewältigen – laut Projekt bis zu 4300 Kubikmeter pro Sekunde, was einem 300-jährlichen Hochwasserereignis entspricht. Zwei Milliarden Franken geben die beiden Alpenländer dafür aus.

Die »3. Rhonekorrektion«, wie das Bundesamt für Umwelt (BAFU) die Maßnahme nennt, ist noch umfangreicher und teurer. 3,6 Milliarden Franken gibt die Schweiz laut BAFU aus, um den Flusslauf auf einer Länge von 162 Kilometern hochwassertauglicher und zugleich naturnäher zu gestalten. Es ist das größte Hochwasserschutzprojekt der Schweiz.

Dass Hochwasserschutz und Renaturierung harmonieren können, hat das Projekt »Isar-Plan« mitten in München bewiesen. Vom Jahr 2000 bis 2011 wurde die innerstädtische Isar auf einem acht Kilometer langen Stück naturnah gestaltet. Seither ist die bayerische Landeshauptstadt nicht nur besser vor Hochwasser geschützt, sondern hat für vergleichsweise günstige 35 Millionen Euro ein ausgezeichnetes Naherholungsgebiet erschaffen. Ein Vorzeigeprojekt – nicht nur für den Alpenraum.

Wolkentanz über dem Rheintal, gesehen vom Alpstein

Feuchtes Spektakel zwischen den Felsen: die Partnachklamm, seit über einem Jahrhundert für den Tourismus erschlossen. Ohne Skier, aber mit Mütze: Christian und Felix Neureuther.

IM ELEMENT

Nirgends wird die formende Kraft des Wassers erlebbarer als in einer Klamm. Die Einblicke in die Erdgeschichte machen demütig. Mehr als 300 000 Besucher zieht die Partnachklamm bei Garmisch-Partenkirchen jährlich an. Felix Neureuther hat eine besondere Beziehung zu ihr.

Licht bricht durch die Felsspalten, die Sonnenstrahlen bilden einen Kranz ähnlich einem Heiligenschein. Man sieht den Himmel nicht, denn die Wand ist überhängend. An der engsten Stelle, vielleicht einen Meter breit, hängt 15 Meter über den Köpfen der Besucher ein mannsgroßer Gesteinsbrocken, eingeklemmt zwischen den feuchtglänzenden Felswänden. Wie lange der da wohl schon festsitzt? Sollte er dereinst herunterfallen, er träfe mitten in die Partnach, die sich hier schäumend durch die Schlucht zwängt. Dünne Rinnsale rieseln von den Felsen senkrecht nach unten, je nach Blickwinkel bricht sich das Licht in den Wasserfäden, kleine Regenbogen entstehen.

An anderer Stelle sieht es aus, als hätte ein Künstler Lametta aus Wasser geformt, eine Installation mit überirdischer Anmutung. Man möchte sich mitteilen, den Begleitern die Schönheit preisen, doch das Brausen, Tosen und Dröhnen erstickt jedes Gespräch. Plötzlich weht ein eiskalter Wind feinste Wassertröpfchen durch die Luft, Gesicht und Hände werden vom Nebel bestäubt. Man spürt hier mit allen Sinnen, welch unbändige Kraft im Element Wasser steckt. Der Gedanke, man fiele über das Geländer in den aufgewühlten Gebirgsfluss und würde in Sekundenschnelle mitgerissen und unter Wasser gedrückt, lässt einen erschaudern. Bis zu 86 Meter tief hat sich hier das Wasser durch das Gestein gegraben, ein Prozess, der Tausende Jahre dauerte. Nach dem Rückzug des Eises vor circa 12 000 Jahren hatte die Partnach begonnen, sich in die harten Bänke des Alpinen Muschelkalks einzuschneiden. Diese zeitlichen Dimensionen führen vor Augen, wie klein und unbedeutend die menschliche Existenz ist. Wer

In der Partnachklamm arbeitet das Wasser, nagt am Stein und gräbt sich immer tiefer in den Untergrund.

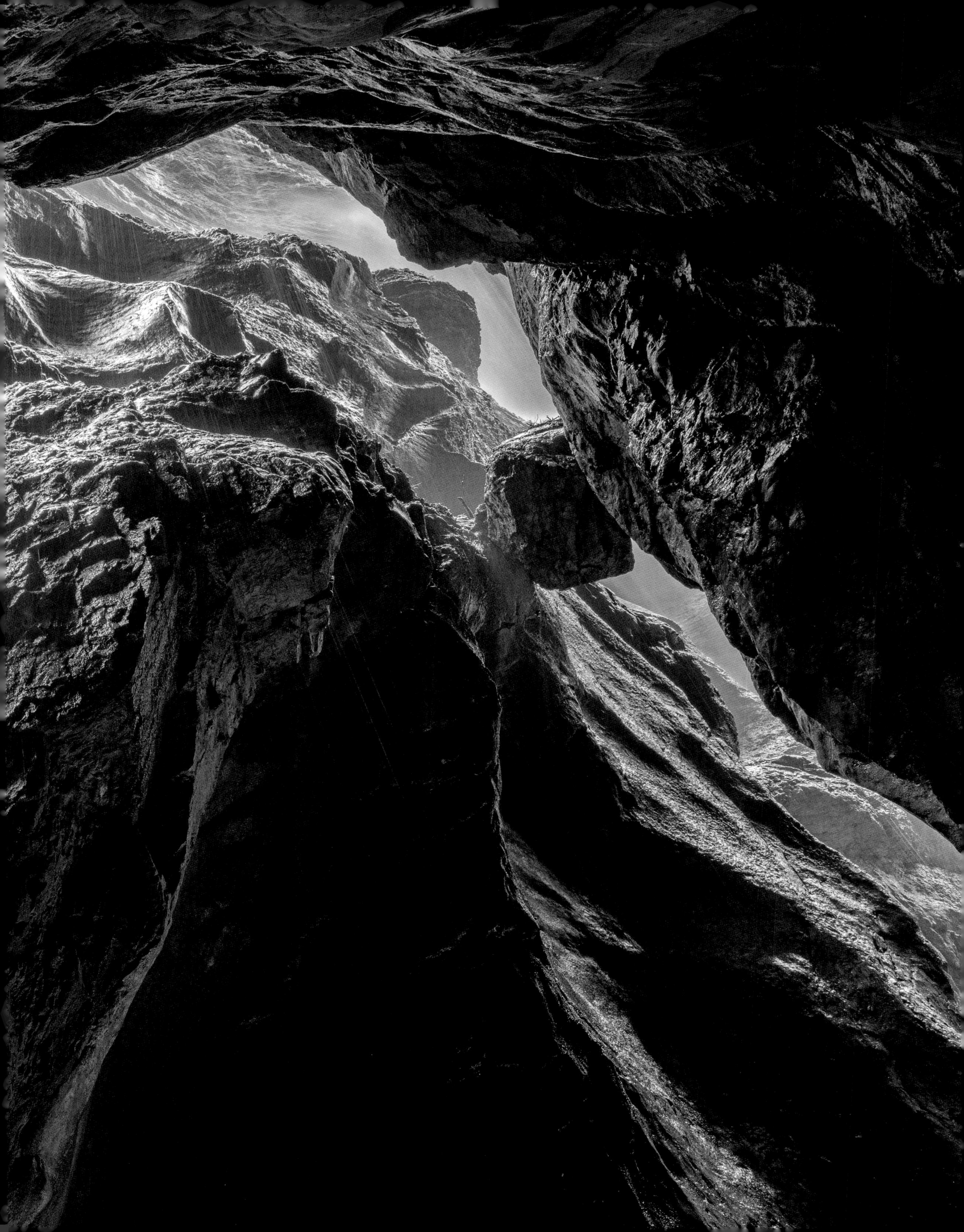

sich auf den knappen Kilometer Weg durch die Felsschlucht am südlichen Ende von Garmisch-Partenkirchen macht, taucht in eine archaische Welt ein. Vor allem das mit Sand und Kies vermischte Schmelzwasser der Gletscher hat sich regelrecht in das Gestein gefräst. Schaut man sich die Felsstrukturen genauer an, erkennt man Ausbuchtungen, in denen das Wasser in früheren Zeiten Wirbel bildete. Wissenschaftler haben herausgefunden, dass in solchen Wirbeln Fließgeschwindigkeiten von bis zu 200 Stundenkilometern herrschten und hoher Druck. Das Gestein wurde rundgeschliffen.

Die Klamm als Transportweg für Holz

Jährlich lassen sich bis zu 300 000 Besucher vom Schlucht-Spektakel und der schäumenden Partnach verzaubern. Doch längst bevor Touristen in die faszinierende Welt der Klamm vordrangen, wurde sie zum Triften von Holz genutzt. Im 19. Jahrhundert erlaubten die Freisinger Bischöfe das Roden von Waldstücken im oberhalb gelegenen Ferchen- und Reintal. Das Wasserholz, wie man es im Gegensatz zu dem mit Pferdeschlitten transportierten Bergholz nannte, wurde im Frühjahr talwärts geschwemmt, wenn die Partnach durch die Schneeschmelze viel Wasser führte. Damit das Triften durch die enge Schlucht gelang, schnitten die Holzarbeiter die Stämme nach dem Fällen in Ein-Meter-Stücke. Dennoch kam es immer wieder vor, dass sich die Holzstämme ineinander verkeilten und an den Felsen aufschoben. Ein Holzer – meist traf es wegen der Gefährlichkeit der Mission Junggesellen – wurde dann auf einer Art Stuhl von oben in die Klamm abgeseilt und musste mit sogenannten Grieshaken den »Fuchs« lösen, also die Stämme wieder in Fahrt bringen, auf dass das begehrte Brenn- und Bauholz bis ins Tal geschwemmt wurde.

Ein verheerender Windwurf im Jahr 1885 im Einzugsgebiet der Partnach bereitete den Weg für die Erschließung der Klamm. Ein notdürftiger Durchgang wurde angelegt, um das Triften

Ohne Wasser kein Leben auf der Höllentalangerhütte

zu erleichtern. Arbeiter bohrten Eisenträger wenige Meter oberhalb des Wildflusses in die Felswände, darauf befestigten sie Bohlen. Auf diesem Triftsteig standen die Holzer und lenkten mit ihren Grieshaken die durch die Klamm treibenden Stämme. Mithilfe von in die Felsen gesprengten Tunneln und einem mit Seilgeländer gesicherten Steig wurde die Klamm für Besucher erschlossen und bereits im Jahr 1912 zum Naturdenkmal erklärt.

Nach dem Zweiten Weltkrieg entstanden Pläne, am oberen Ende der Klamm eine 110 Meter hohe Staumauer zu bauen und das Reintal in einen großen Stausee zu verwandeln. Der Strommangel war groß, deshalb wollte der Staat das Naturdenkmal in Wert umsetzen – und zerstören. Doch als das Vorhaben publik wurde, erhob sich ein Proteststurm. Einheimische, Naturschützer

Kaum zu glauben, dass die schmale Partnachklamm einst zur Holztrift genutzt wurde.

und Bergsteiger kämpften Seite an Seite, Unterschriften wurden gesammelt. 1949 wurden die Pläne schließlich fallen gelassen.

Gebannte Risiken heutzutage

1991 brachen 5000 Kubikmeter Stein aus einer Felswand am südlichen Ende der Klamm und versperrten den Durchgang. Durch den Felssturz entstand ein kleiner Stausee, den man ein Jahr später durch einen neu angelegten Stollen umging. Es war die Zeit, in der Felix Neureuther viele Wochen in der Wildenau unmittelbar unterhalb der Partnachklamm zubrachte. »Das war meine Kindheit, ich bin hier aufgewachsen«, sagt er. Wenn die Eltern bei Skirennen waren, lebte er bei der Familie der Haushälterin der Neureuthers in einem Fiaker-Haus. »Es war unbeschwert und wunderbar traditionell«, erzählt der frühere Skirennläufer. Mit Luis, dem sechs Jahre älteren Sohn Mariannes, habe er »wilde Sachen« gemacht. »Wir sind mit einem Schlauch eines Bulldogreifens die Partnach runter, haben gefischt und aus Schwemmholz Lager gebaut.« Bei der eisernen Brücke spannte Felix eine Slackline über die Partnach und balancierte ungesichert über den Fluss. Heute wäre das nicht mehr möglich, weiß er. Sicherheit geht vor.

2020 baute die Gemeinde die Partnachklamm nach den neuesten Sicherheitsstandards aus. Seit dem Jahr 2023 registrieren Bewegungssensoren an sensiblen Felsbereichen Gesteinsbewegungen im Bereich von einem Zehntelmillimeter. So kann die Kommune die Klamm rechtzeitig sperren und minimiert das Risiko, dass Besucher durch Steinschlag oder einen Felssturz verletzt werden.

Der Andrang ist in den Sommermonaten groß, die Besucherströme schlängeln sich durch die Klamm, ein An- und Innehalten ist kaum möglich. Im Winter aber, wenn mächtige Eiszapfen von den Felswänden hängen, die Steine im Flussbett Schneehauben tragen und das Wasser gemächlich gen Tal fließt, dann herrscht eine erhabene Stille in der Klamm. Es scheint, als wäre die Erdgeschichte für einen Moment eingefroren.

Sonnenaufgang am Weg zur Zugspitze. Nicht weit von hier speist der kleine Höllentalferner die Höllentalklamm mit Wasser.

Der Lech ist der letzte Wildfluss Österreichs; mittlerweile steht er mit seinen Uferstreifen unter Schutz. Rechts im Licht die Klimmspitze, flankiert von der Schwellenspitze.

DIE VORBILDER

Die meisten Flüsse der Alpen sind verbaut, begradigt und mit Wasserkraftwerken bestückt. Nur noch 14 Prozent befinden sich in einem guten ökologischen Zustand. Welch großen Schatz Wildflüsse für Mensch und Umwelt bedeuten, zeigt das Beispiel Tagliamento, der in den Karnischen Alpen entspringt und in die Adria mündet.

Ein bisschen verhält es sich mit dem Tagliamento wie mit einem raren Fund aus vorgeschichtlicher Zeit. Er wird wieder und wieder untersucht und begutachtet, auf dass sich Schlüsse ziehen lassen – stellvertretend für eine ganze Epoche. Der entscheidende Unterschied ist jedoch, dass der Tagliamento lebt. Sein Beispiel zeigt den Forschern, wie ein Alpenfluss sein kann, wenn man ihn nur lässt.

Über den Tagliamento, der in den Karnischen Alpen am Mauriapass auf 1300 Metern Höhe entspringt und durch die oberitalienische Provinz Friaul fließt, gibt es Dutzende wissenschaftliche Publikationen. Die Forscher interessiert zum Beispiel, wie Sedimente vom Wasser transportiert werden und wo sich welches Material ablagert. Sie untersuchen die Auwälder, die den Fluss fast auf seiner gesamten Strecke begleiten und bei Hochwassern überflutet werden. Biologen bestimmen die mannigfaltigen Arten, die im Gewässer, am Ufer und in den Auen vorkommen. Der ökologische Wert des Flusses ist längst auf europäischer Ebene anerkannt. Zwei Natura-2000-Gebiete sind an seinem insgesamt 170 Kilometer langen Lauf ausgewiesen und schützen nach den Maßgaben der Fauna-Flora-Habitat-Richtlinie der EU den Lebensraum der wild lebenden Pflanzen- und Tierarten.

Wenn man so will, dann ist der Tagliamento ein Outdoor-Forschungslabor, ein Modell für einen ursprünglichen Fluss im Alpenraum. Wer beispielsweise auf der Brücke bei Pinzano al Tagliamento steht und auf den Fluss schaut, sieht ein ausgedehntes Schotterbett mit vielfach ver-

Fast überall in den Alpen auf nährstoffreichen Böden, in feuchten Bergwiesen und auf Geröll anzutreffen: das Vergissmeinnicht. Hier am Piburgersee im Ötztal.

zweigten Wasserläufen. Nach jedem Hochwasser verändert sich die Gestalt des Flussbettes. Kiesbänke, Inseln und Tümpel werden neu geschaffen, Uferböschungen brechen aus, Totholz bleibt im Wasser und auf den Schotterflächen liegen und Pionierarten siedeln sich an. Das komplexe Mosaik aus unterschiedlichen Lebensräumen garantiert eine große Artenvielfalt.

Veränderungen erlaubt

An einzelnen Stellen ist das Flussbett bis zu drei Kilometer breit und wird von Auwäldern an den Talflanken gesäumt. Auf dem Monte de Ragogna und dem Monte Prat haben Wissenschaftler Kameras installiert, die im Stundenrhythmus Aufnahmen von Flussabschnitten machen. So können die Geomorphologen und Flussexperten die Auswirkungen jeder Flut dokumentieren und verstehen lernen. Eine Erkenntnis lautet: Gerade die Dynamik des Flusskörpers, die der Tagliamento ungezügelt ausleben darf, bedingt die hohe ökologische Vielfalt. Biologen haben bis zu 100 000 wirbellose Tiere pro Quadratmeter nachgewiesen.

Südlich der Ortschaft Pinzano, wo der Tagliamento aus den Julischen Alpen in das Küstenvorland mit nur noch geringem Gefälle eintritt, schlängelt er sich in verzweigten Flussarmen bilderbuchmäßig durch eine breite Schwemmebene, bevor sich das Flussbett verschmälert und der Fluss gen Küste mäandriert. Die letzten circa 30 Kilometer ist der Tagliamento reguliert und wird von Hochwasserdämmen begleitet. Er mündet zwischen den bekannten Badeor-

Der Tagliamento zeigt noch heute für einen Wildfluss typische Charakteristika: ein extrem breites Geröllbett und einen stark schwankenden Durchfluss. Im Jahresmittel führt er weniger als 100 Kubikmeter Wasser pro Sekunde, bei Hochwasser zwischen 1000 und 4300 Kubikmeter.

ten Bibione und Lignano in die Adria. Doch wie konnte sich ein Fluss von dieser Länge und Größe auf 90 Prozent seiner Fläche als echter Wildfluss über die Zeit retten? Es sind wohl zwei Gründe, die ihm das Schicksal der Verbauung und Inwertsetzung für die (Wasserkraft-)Industrie erspart haben. Zum einen war Karnien (italienisch Carnia) seit jeher eine abgelegene, schwer zugängliche Bergregion. Während des Zweiten Weltkriegs verschanzten sich hier Partisanenkämpfer und gründeten eine *zona libera*, eine »freie Zone«. Doch der entscheidendere Grund dürfte die geografische Lage gewesen sein, denn das Friaul gehört zu den tektonisch labilsten Zonen im gesamten Alpenbogen. Seit Anfang des 12. Jahrhunderts gibt es Aufzeichnungen über Erdstöße, gut 200 sind dokumentiert. Vielen ist noch das Erdbeben vom 6. Mai 1976 in Erinnerung, dessen Epizentrum 50 Kilometer nördlich von Udine am Monte San Simeone lag. Orte im Tagliamento-Tal

Charakteristisch für naturbelassene Flüsse ist, dass sie immer wieder neue Wege in einem breiten, meist geröllligen Bett suchen, wie hier am Tiroler Lech.

wie Venzone, Gemona del Friuli und Osoppo wurden weitgehend zerstört, 989 Menschen kamen ums Leben. In solch erdbebengefährdeten Zonen verbietet sich der Bau von Stauseen und großen Kraftwerksanlagen.

Nur zwei alpine Wildflusslandschaften

Heute herrscht bei den Einheimischen, den Behörden und den Umweltverbänden eine seltene Übereinkunft darin, dass dieser in den Alpen einmalige Wildfluss eine große Bereicherung für Mensch und Umwelt darstellt. Zudem zeigt sich in Zeiten des rasanten Klimawandels, dass der Erhalt des natürlichen Flusslaufs samt seiner weiten Auwälder einen natürlichen Schutz vor Hochwassern bietet. Angesichts von Tiefdruckgebieten, die länger als früher an Ort und Stelle verweilen, und vermehrt auftretenden Starkregen ein Umstand, um den andere Regionen die Provinz Friaul-Julisch Venetien beneiden dürften.

Es gibt in den Alpen nur noch einen größeren Fluss, der zumindest in seinem Oberlauf einen Vergleich mit dem Tagliamento antreten kann: der Lech. Seinen Ursprung hat der 253 Kilometer lange Gebirgsfluss in Vorarlberg am Fuß der Roten Wand auf knapp 1900 Metern. Er durchfließt das Lechquellen-Gebirge und tritt dann in ein breiteres Tal zwischen Allgäuer und Lechtaler Alpen ein. Hier bietet sich ein ähnliches Bild wie am Tagliamento – weite Schotterbänke, durch die sich vielzählige Flussarme schlängeln. Seit dem Jahr 2000 gehört der Tiroler Lech dem europaweiten Schutzgebietsnetz Natura 2000 an, eine weitere Gemeinsamkeit mit dem italienischen Wildfluss. Die Tiroler Landesregierung errichtete 2004 ein großflächiges Naturschutzgebiet, das gleichzeitig zum Naturpark deklariert wurde.

Ganz unberührt blieb der Fluss jedoch über die Zeit nicht. Ende des 19. Jahrhunderts errichtete man im Flusslauf Geschiebesperren, um Schotter- und Felsmaterial entnehmen zu können. Dadurch grub sich der Lech tiefer ins Gelände ein und unterspülte teilweise Brücken und Uferdämme. In späteren Jahren befreite man den Fluss

Winter am Tiroler Stuibenfall: Wasser, zu Eisskulpturen gefroren

wieder von diversen Einbauten und reduzierte die Geschiebeentnahme. In den 2000er-Jahren startete ein EU-LIFE-Natur-Projekt mit dem Ziel, Flusslauf und Auen wieder besser zu verbinden. Einen Erfolg vermeldeten die Behörden mithilfe von Luftbildern: Der Auwald hat sich innerhalb von gut zehn Jahren verbreitert und die an vielen Flüssen der Ostalpen ausgestorbene Ufer-Tamariske ist am Lech wieder heimisch geworden. Über ein weiteres und von der EU gefördertes, bilaterales Projekt wurden an der Grenze zu Bayern Querverbauungen entfernt und der Fluss aufgeweitet. So entsteht hier wieder eine verzweigte Wildflusslandschaft.

Energiegewinnung am Lech

Nach den Lechfällen und der Lechschlucht bei Füssen ist es mit der Naturbelassenheit des Alpenflusses allerdings vorbei. Er wird im künstlichen Forggensee aufgestaut. Bis zur Mündung in die Donau reiht sich Kraftwerk an Kraftwerk, 30 sind es am Lech insgesamt (wobei zwei in Österreich liegen) und 24 Stauseen. Den Donauzuflüssen Iller, Isar und Inn ist es nicht anders ergangen, nur dass sie schon im jeweiligen Oberlauf »inwertgesetzt« wurden. Kraftwerksanlagen und Staustufen unterbrechen die ökologische Durchgängigkeit eines Flusses. Das betrifft nicht nur die Fischbestände, sondern auch die wirbellosen Tiere am Grund. Viele Flüsse werden ihres Wassers für die Stromproduktion weitgehend beraubt, Behörden legen dann sogenannte Restwassermengen fest, wie zum Beispiel an der Isar, deren Wasser zu einem guten Teil bei der Ortschaft Krün zum Walchensee abgeleitet wird.

Hydrologen haben berechnet, dass die Schweiz ihre gesamte jährliche Niederschlagsabflussmenge vierzehnmal im Jahr durch Turbinen treibt, um Strom zu gewinnen. Und weil sich die Produktion nach Wettbewerb und Preisniveau an der internationalen Strombörse richtet, entlassen die Kraftwerke oft unnatürlich hohe Mengen von Wasser, weil eine Anlage gerade unter Volllast läuft. »Schwall-Sunk-Problematik« nennen das die Betreiber. Vielen Lebewesen am und im Fluss macht es den Garaus.

Ungefähr 13 000 Flusskilometer gibt es in den Alpen laut der internationalen Alpenschutzkommission CIPRA. Nur 14 Prozent davon sind in einem ökologisch guten Zustand, hat das von 2016 bis 2018 durchgeführte Projekt »Strategic Planning for Alpine River Ecosystems« (SPARE) ergeben. Im Jahr 2020 haben die acht Alpenländer eine Deklaration zur nachhaltigen Wasserwirtschaft verabschiedet. Darin verpflichten sich die Vertragsparteien der Alpenkonvention, die letzten natürlichen Flussläufe in den Alpen zu schützen und sich für die Revitalisierung der restlichen einzusetzen.

Ein großes Ziel, das jede Anstrengung wert ist. Angesichts von Energiekrise und Energiewende wird die Zivilgesellschaft genau hinschauen müssen, wie ernst die Deklaration genommen wird.

Können Berge rosten? Das Rotbachl unweit vom Pfitscher Joch verdankt seine Färbung der Ablagerung von Eisenoxiden am Gestein. Und Eisen rostet bekanntlich …

Traumwelt Südsee, Strand und Meer? Nein: die gezähmte Isar am Sylvenstein-Stausee in Oberbayern.

Ins Netz gegangen – ein Fisch, absolut fangfrisch aus dem Walchensee

DER JUNGE FISCHER VOM WALCHENSEE

Zwei Berufsfischer gibt es noch am vielleicht schönsten Bergsee Oberbayerns. Lorenz Bär ist einer davon. Der 24-Jährige fährt an sechs Tagen der Woche raus, legt Netze aus und holt sie wieder ein. Für ihn ein Traumberuf.

Lorenz Bärs Arbeitstag beginnt früh. Um 5:42 Uhr steht er mit seiner olivgrünen Anglerhose und den abgewetzten Gummistiefeln an seinem Bootshaus in Walchensee und schaut mit kritischem Blick auf die Wasseroberfläche. Laub und kleine Äste dümpeln in den kleinen Wellen. In der Nacht hatte es ein Gewitter gegeben und der Fischer hat eine Vorahnung. Aber davon will Lorenz Bär jetzt nicht sprechen. Die Dämmerung hat längst eingesetzt, er möchte raus zu seinem Fang. Wird es ein ordentlicher sein? Der 24-Jährige hat zwar schon jahrelange Erfahrung am Walchensee, der mit knapp 190 Metern Tiefe und einer Fläche von 16,4 Quadratkilometern einer der größten Alpenseen Bayerns ist. Dennoch bleibe die Vorhersage eine Art Lotteriespiel, sagt er. »Gestern waren es mehr als 80 Fische, das war ein guter Fang«, erzählt er, während er drei leere Plastikwannen in die Mitte des Bootes stellt. In zwei wird er später die Netze legen, die dritte, so hofft er, wird am Ende wieder voller Fische sein.

Noch schnell den Spritstand kontrolliert, dann macht er mit geübten Handgriffen die Leinen los und schmeißt den Außenbordmotor an. Mit einem rhythmischen Tuckern gleitet das Fischerboot über die gekräuselte Wasseroberfläche. Es ist frisch, doch dieser erste August verspricht, ein heißer Tag zu werden. Lorenz trägt ein kurzärmeliges T-Shirt und Neoprenhandschuhe, die an den Fingerkuppen offen sind. So schützt er später die Hände beim Einholen der Netze, hat aber noch genügend Gefühl für die zappelnden Fische. Außer Bärs Boot sind nur noch zwei oder drei Angler mit ihren Ruderbooten auf dem See zu sehen. Das Gewitter hat sich verzogen, nur noch ein paar letzte, dunkle Wolkenbänder erinnern an die unruhige Nacht. Am Tag zuvor hat der Fischer die Netze ausgelegt. »Die bleiben immer eine Nacht drinnen, denn die Fische schwimmen nur nachts rein, am Tag sehen sie das Netz«, erklärt er. 50 Meter lang ist so ein Netz und zehn Meter hoch. An dem Nylongeflecht angebrachte Schwimmer sorgen dafür, dass es im Wasser steht, und Lorenz stellt das Schwebnetz so ein, dass es in der Tiefe zwischen zehn und zwanzig Metern verharrt. Hier befindet sich die sogenannte Sprungschicht, in der das warme Oberflächenwasser auf das kalte Wasser aus der Tiefe trifft. »Da hockt das Plankton, das die Fische fressen«, erklärt Lorenz. Gefischt werden darf nur mit Stellnetzen, entweder Schweb- oder Bodennetze. Auch die Maschenbreite ist vorgeschrieben, 38 Millimeter. »So bleiben nur fangfertige Fische drinnen hängen«, erklärt der Fischer.

Überraschungen beim Beifang

Er steuert eine Stelle am nordwestlichen Ende des Walchensees an, weiße Plastikkanister fungieren als Bojen und weisen ihm den Weg. »Manchmal crasht ein Surfer in einen der Kanister, aber das geht eigentlich immer glimpflich aus«, erzählt Lorenz mit einem schiefen Lächeln. Jetzt greift sich der Fischer die am Kanister festgebundene Schnur, die wiederum mit der Oberleine des Netzes verknüpft ist, und beginnt zu ziehen. Sekunden später taucht das Netz auf, doch statt Fischen fördert er erst einmal Zweige und kleinere Äste zutage. Er presst die Lippen aufeinander, noch verkneift er sich das Fluchen. Mit flinken Fingern entfernt er das Schwemmgut, »sonst stellt sich das Netz nicht mehr auf«, erklärt Lorenz. Später, beim Einholen von Netz vier oder fünf, wird er nur noch die größeren Äste aus den Netzen lösen – es würde sonst zu lange dauern. Die ungeliebte Feinarbeit müssen seine Mitarbeiter und er dann später an Land machen.

Nicht nur Fische verfangen sich im Netz der Walchensee-Fischer, sondern gelegentlich auch die Hinterlassenschaft einer Wegwerf-Gesellschaft ...

Plötzlich wird der Widerstand beim Hochziehen größer, vielleicht ein großer Fisch? Dem 24-Jährigen bleibt der Mund offen stehen, als er eine komplette Angel aus dem Wasser zieht, die sich im Netz verfangen hat. Es ist eine »WFT Never Crack Senso Pilk« – und auch wenn sie ihrem Namen treu geblieben und nicht zerbrochen ist, reparierbar ist sie nach Lorenz' Meinung nicht mehr. Eine Angel sei ihm noch nie ins Netz gegangen. »Wenn du das jemandem erzählst, das glaubt dir keiner.« Ein Kollege habe mal eine Handgranate aus dem Zweiten Weltkrieg aus der Tiefe emporgezogen. Normaler »Beifang« seien eher Schirme, Sonnenbrillen oder Flipflops. »Mein früherer Chef, der alte Rieger, hatte mal eine Machete aus dem Kaiserreich im Netz, das war ein Ding!«

Fischereirechte nachhaltig aufgeteilt

Endlich der erste Fisch. Eine unterarmlange Renke. Mit der linken Hand greift Lorenz um den Bauch des Fisches, befreit ihn aus dem Netz und schlägt ihm mit einem Holzknüppel zweimal leicht auf den Kopf. Fast zärtlich sieht das aus. Die dergestalt betäubte Renke wirft er in einen der Eimer, später wird der Fischer sie auf seinem Hof schuppen, ausnehmen und entweder file-

tieren oder im Ganzen räuchern, zu Matjes oder Fischpastete verarbeiten. Auf der gegenüberliegenden Seite der Hauptstraße hat er im vergangenen Jahr einen Selbstbedienungsautomaten in einem Holzhäuschen aufgestellt, ein Hightechteil, das die Fischspezialitäten bei 2 Grad gekühlt hält. Frischer kann man Fisch nicht einkaufen. Natürlich auch bargeldlos, mit Karte oder Handy.

Zwei Berufsfischer gibt es am Walchensee, neben Lorenz Bär die Familie Böhm. Drei Zwölftel des Sees darf Lorenz befischen, zwei Zwölftel der Kollege Kilian Böhm – die Fischrechte datieren zurück auf die 1930er-Jahre. Sie gehören zum Eigentum der Höfe und werden weitervererbt. »Wir halten uns daran, sonst würden wir uns ins eigene Fleisch schneiden«, sagt Lorenz. Nachhaltig befischen meint er damit und so die Zukunft sichern. Die Rechte für den Rest des Sees – er befindet sich im Eigentum des Freistaates Bayern und wird von den Bayerischen Staatsforsten verwaltet – ruhen seit längerer Zeit, der Hauptanteil gehört dem Energieversorgungsunternehmen Uniper, das das Walchenseekraftwerk betreibt. Wer jetzt denkt, dass sich die beiden Fischer deshalb die Netze vollmachen und vor Fisch nicht mehr retten können, der irrt allerdings. »Das Fischen am Walchensee ist für mich ein Zubrot und macht ungefähr 20 Prozent meiner Einnahmen aus«, sagt Lorenz. Sein Haupteinkommen bezieht der 24-Jährige aus der Fischzucht. In seiner Heimatgemeinde Großweil am Fuße des Herzogstands bewirtschaftet er zwei Weiher. »Einen Großteil kaufe ich aber von einer Fischzucht in Landsberg am Lech zu«, erzählt er.

Motivation des jungen Berufsfischers

Warum lässt er das mühsame Auslegen und Einholen der Netze im Walchensee nicht einfach? »Da ist viel Leidenschaft dabei«, sagt er. Doch es gibt noch eine andere Motivation, die Lorenz auf den See hinauszieht, verrät er nach einiger Zeit. »Wenn ich draußen bin, spüre ich die Stille und habe meine Ruhe. Sobald ich zurückkomme, geht der Stress los.« Fische verarbeiten, Automat bestücken, Bestellungen verwalten, Liefertermine einhalten, Weiher pflegen, Büroarbeit machen. Zehn Arbeitsstunden täglich seien im Sommer normal, dafür gehe es von Anfang Oktober bis Ende Januar ruhiger zu. Schonzeit. Erst ab Februar wird wieder gefischt.

Im Alter von 16 Jahren beginnt Lorenz die Ausbildung zum Fischwirt an der Berufsschule Starnberg – eine von vier Schulen in ganz Deutschland, die den Zweig anbieten. Viel Nachfrage gibt es augenscheinlich nicht. Laut der Bayerischen Landesanstalt für Landwirtschaft üben an den Voralpenseen in Oberbayern und Schwaben noch rund 110 Berufsfischer den Fischfang aus. Nach der Lehre heuert der gebürtige Großweiler bei der Fischerei Johann Rieger in Walchensee an. Als der Chef im Jahr 2021 überraschend stirbt, sieht der junge Fischwirt seine Chance auf einen eigenen Betrieb. »Ich habe Frau Rieger gefragt, ob ich übernehmen kann. So was muss man doch mitnehmen.« Also pachtet er das Fischrecht von

Links und unten: Parkhäuser für Walchenseeboote: Die aus Holz gebauten Fischerhütten stehen über dem Uferwasser, natürlich mit (trockenem) Zugang.

den Riegers und macht sich ein Jahr später selbstständig. Inzwischen hat er vier Angestellte, das Geschäft läuft gut, wie er sagt.

An diesem frühen Morgen des 1. August allerdings nicht – zumindest, was die Ausbeute betrifft. Gerade einmal drei Renken zieht Lorenz aus dem ersten Netz, dafür umso mehr Geäst. Ärgerlich, aber noch ist Lorenz zuversichtlich. »Das ist ein neuer Platz, den ich mal ausprobieren wollte«, erklärt er. Wird wohl kaum ein Stammplatz werden. Wir fahren zurück Richtung Süden, die Sonne blinzelt über den Jochberg und zaubert Millionen von glitzernden Sternchen auf die Wasseroberfläche. Im Hintergrund bescheint sie die Soiern- und Schöttelkarspitze im Karwendel mit weichem Morgenlicht. Einen schöneren Arbeitsplatz kann man sich in diesem Moment nicht vorstellen.

Nicht kalkulierbare Ausbeute

Schon zieht Lorenz am nächsten Netz, wieder haben sich viele kleine Äste verhakt. »Kruzifünferl, schau dir den Scheiß an«, flucht er. Immerhin taucht wenig später ein Prachtstück von einer Seeforelle auf. Kerngesund, bestes Fischfleisch. Für kurze Zeit strahlt sein Gesicht, doch so richtig Freude kommt nicht auf. Ein paar Renken folgen, dann liegt das empfindliche Arbeitsgerät mit all den kleinen Zweigen und Ästchen in der Wanne. »Das nagelneue Netz habe ich gestern zum ersten Mal eingelegt«, sagt er und man spürt, wie es ihn wurmt. Mit den Zähnen hält Lorenz die Oberleine fest, damit er mit beiden Händen den Knoten vom nächsten Netz lösen kann. Drei Netze hängt er beim Ausbringen normalerweise aneinander, 15 sind es insgesamt. Ist eins nicht mehr zu reparieren, bestellt er im Internet Ober- und Unterleine und bringt sie nach Bernried am Starnberger See. »Dort gibt es einen Rentner, der die Leinen an die Netze knüpft. Der macht den ganzen Winter über nichts anderes«, sagt Lorenz. Auf 300 Euro komme ihn ein fertiges Netz.

Seeforellen und Renken setzen die zwei Berufsfischer im Frühjahr in den Walchensee mit

Herbstmorgen am Kochelsee.
Die Fischer sind schon auf dem Wasser.
Ob sich der Fang gelohnt hat?

KUNST DER VERWANDLUNG

Am Kipppunkt – Gletscher im Treibhaus

Die nassen Helden – Auen und Moore als CO_2-Speicher

Hütten unter Hochdruck: Das Wasser wird knapp

Wasser schafft Monumente, neben denen Menschenwerk verblasst. Wie den 20 Kilometer langen und bis zu 700 Meter tiefen Grand Canyon du Verdon in den provenzalischen Bergen – die größte Schlucht der Alpen.

Links: der Fallbach-Wasserfall. Nicht ohne Grund hieß das Maltatal früher das »Tal der stürzenden Wasser«.
Oben: mystische Szenerien in der Trient-Schlucht (Kanton Wallis, Schweiz)

Mit seinen 80 Quadratkilometern Wasserfläche ist der Chiemsee der größte See in Bayern, was ihm den Beinamen »Bayerisches Meer« eingetragen hat. Föhniger Herbstmorgen vom Hochfelln.

Oben: Der Frühling naht, die Eisdecke am Lago del Careser im Ortlermassiv bricht Stück für Stück auf.
Rechts: Das Wasser hat die Bletterbachschlucht, Südtirols größte Klamm, in vielen Jahrtausenden geschaffen – und es gräbt weiter. Sand und Geröll wandern talwärts, vor allem bei Unwettern, wie sie in Südtirols Bergen immer wieder (und immer häufiger) auftreten.

Am Tomasee, im Osten des Gotthardmassivs, direkt unter dem Badus (2928 m), entspringt der Vorderrhein.

Das Brandenburger Haus (3274 m) in den Ötztaler Alpen ist nur über Gletschereis erreichbar, über den Kesselwand- oder den Gepatschferner (im Bild).

WIR SIND AM KIPPPUNKT

Die Gletscher schmelzen aufgrund des menschengemachten Treibhauseffekts mit zunehmendem Tempo. Für die Glaziologin Andrea Fischer hat ein Wettlauf mit der Zeit begonnen, denn im Eis sind viele Informationen über das Klima früherer Epochen enthalten. Ein Gespräch über Schutzmaßnahmen, Nebenkriegsschauplätze und das Nirwana.

Frau Fischer, der letztjährige Gletscherbericht des Österreichischen Alpenvereins dokumentiert das, was seit vielen Jahren Realität ist: Der Rückgang der Eisriesen geht mit rasanter Geschwindigkeit weiter. Wie erleben Sie das Abschmelzen der Gletscher?
Bei allem Alarm, der im Gletscherbericht des Alpenvereins steckt, ist das, was sich im Gelände darbietet, noch um einiges erschreckender.

Warum?
Die Längenmessungen werden jährlich von etwa 20 Ehrenamtlichen vorgenommen und von Gerhard Lieb und Andreas Kellerer-Pirklbauer von der Universität Graz zusammengestellt. Sie zeigen zwar das rasante Schwinden der Gletscherzungen, aber nicht den großflächigen Zerfall in den ehemaligen Firngebieten. Was dort im Gange ist, bringt selbst uns Forscher zum Staunen. Der Schmelzvorgang zeigt, wie nah wir am Kipppunkt sind. Der Verlust der Gebirgsgletscher ist der erste Kipppunkt, den wir in Kürze erreichen. Ich hätte mir das in dieser Dimension noch vor zehn Jahren nicht vorstellen können.

Österreichs größter Gletscher, die Pasterze am Großglockner, hatte im Winter 2022/23 einen Längenverlust von 203,5 Metern zu verbuchen:

Rekord in der 133-jährigen Geschichte der Messungen. Wie kommen solch immense Dimensionen zustande?
Die Eisflächen sind sehr dünn geworden. Früher hatte die Pasterze mehr als 300 Meter Dicke an der Gletscherzunge. Nach 20 Jahren intensiver Schmelze sind über weite Flächen nur noch wenige Meter übrig geblieben. Seit 2022 hatten wir lauter Extremjahre mit bis zu drei Metern Mächtigkeitsverlust – pro Jahr. Das führt dazu, dass wir unglaublich große Flächen verlieren.

Im Mittel sind Österreichs Gletscher – 93 wurden untersucht – im Winter 2022/23 um 24 Meter kürzer geworden. Das ist der dritthöchste je gemessene Wert. Alle drei Spitzenwerte liegen innerhalb der letzten sieben Jahre. Die Dynamik nimmt also noch zu?
Die Prognosen gehen tatsächlich dahin, dass sich das Tempo nochmals verschärft und dass wir bis 2030 ein Drittel der knapp tausend Gletscher der Ostalpen verloren haben werden.

In den Westalpen reichen etliche Gletscher bis über 4000 Meter. Bleiben die verschont?
Nein, das Schmelzen in diesen Höhen tritt nur später ein. Für uns Forscher sind die niedrigeren Ostalpen deshalb so interessant, weil wir hier zum ersten Mal weltweit in einer großen Gebirgskette messen können, wie eine Entgletscherung stattfindet.

Im Eis sind viele Informationen der Vergangenheit gespeichert. Sie forschen am Gipfel der Tiroler Weißseespitze auf 3500 Metern – ist Ihre Arbeit zum Wettlauf mit der Zeit geworden?
Die Situation der alpinen Eisbohrkernforschung ist für uns tatsächlich sehr prekär, weil die hochgelegenen kalten Eisfelder, in denen Jahrtausende altes Eis gespeichert ist, nur 10 bis 20 Meter dick sind. Wir haben aber inzwischen auch in den Höhen über 3000 Meter bis zu eineinhalb Meter Schmelze pro Jahr. Noch vor wenigen Jahren hat hier ganzjährig Schnee gelegen

Sie schmilzt und schmilzt, die weiße Pracht. Um fast 2,5 Kilometer hat sich die Zunge des Vadret Morteratsch im Berninamassiv in den letzten hundert Jahren zurückgezogen.

und es ist überhaupt kein Eis geschmolzen. Wir reden von etwa zehn Prozent Dickenverlust pro Jahr. Es geht daher um jeden Tag, den man für Bohrungen nutzen muss. Sonst sind die Klimainformationen der letzten Jahrtausende einfach verloren. Das ist insofern misslich, weil das Wasser für unser Leben im Alpenraum eine entscheidende Rolle spielt.

Was können Sie aus dem Eis herauslesen?

Die Eisbohrkerne aus den Polargebieten und den Alpen sind insofern unglaublich wichtig für unser Verständnis des Klimasystems, weil sie das einzige Archiv darstellen, in dem die vergangene Zusammensetzung der Atmosphäre und die Veränderung von Temperatur und Niederschlag gespeichert sind. Und zwar nicht nur die Menge, sondern auch die Herkunft des Niederschlags.

Und was kann man daraus ableiten?

Wer Skitouren macht, hat sicherlich festgestellt, dass in den Jahren 2022, 23, 24 und auch heuer sehr wenig Schnee auf den Bergen liegt. Das hat damit zu tun, dass die Frontalzone, inner-

Links: Ausgerechnet die Pasterze! Am größten Gletscher Österreichs manifestiert sich das allmähliche Verschwinden der Alpengletscher auf dramatische Weise. Die stark geschrumpfte Zunge droht, am sogenannten Hufeisenbruch abzureißen, dafür hat sich im Vorfeld der Pasterze ein rund zwei Kilometer langer See gebildet. Oben: Die Natur als Künstlerin – ein Eis-Seepferdchen

halb derer sich Niederschlag entwickeln kann, sehr weit im Norden liegt. Es geht um die großen Muster des Wetters, die sich über die Erde ziehen. Es scheint, dass sich die charakteristischen Strömungsmuster durch den Klimawandel verändern. Um das zu verstehen, braucht es eine räumliche Erfassung. In den Eisbohrkernen ist gespeichert, aus welcher Quelle, aus welchem Ozean das Wasser verdunstet ist, das dann als Schnee gefallen ist. So kann man für die letzten 1,2 Millionen Jahre nachvollziehen, woher der Schnee kam, der in der Antarktis gefallen ist.

Wie weit können Sie mit den Bohrkernen der Weißseespitze in die Geschichte der Alpen blicken?

Für die letzten 6000 Jahre, also nach der letzten Eiszeit. Das hat eine unmittelbare Bedeutung für unser Skifahren heute, aber auch für das Wasserdargebot und das Wasser in den Flüssen. Es kann ja nur runterrinnen, was oben irgendwann als Niederschlag fällt.

Ein Satz, der inzwischen zu jedem Gletscherbericht gehört: »Für den Österreichischen

Alpenverein ist ein ausnahmsloser Schutz der Gletscher und deren Vorfelder dringender denn je.« Wie könnte der Ihrer Ansicht nach aussehen?

Entscheidend ist es, dass wir über den Schutz der Natur und unserer Lebensumwelt nachdenken. Es geht um die Substanz, die wir unseren Kindern und unserer Nachwelt übergeben. Den Naturschutzgedanken gibt es seit etwa 400 Jahren, als die ersten Erlässe sich mit dem Schutz des Waldes beschäftigten, auf dass die nachfolgenden Generationen auch noch Wälder haben. Es ging also speziell um diesen Lebensraum und seine Biodiversität. Der Klimawandel schafft nun aber das Problem, dass sich alle Zonen, alle Habitate von Tieren und Pflanzen verschieben.

Mit anderen Worten: Wer kann, wandert in den Alpen nach oben, wenn es ihm unten zu warm wird.

Genau. Die Wärmeliebhaber verdrängen die Kälteliebhaber auf kleine Inselchen. Gleichzeitig wird Lebensraum, der bislang Ödland war, von einer üppigeren Vegetation zurückerobert.

Würde es sich also lohnen, diese Flächen zu vergrößern und ebenfalls unter dauerhaften Naturschutz zu stellen?

Unser Naturschutz beruht zu einem großen Teil auf dem Gedanken, besonders wertvolle Flächen, in denen besonders wertvolle Arten leben, zu schützen und ihnen dort ein ungestörtes Sein zu ermöglichen. Die Frage lautet jetzt: Wie machen wir es, wenn diese Arten umziehen? Eines der ehernen Gesetze des Naturschutzes ist, dass Flächen, die unter Schutz stehen, unangetastet bleiben und nicht verschoben werden. Das machte bis jetzt auch Sinn.

Wie sollen Ihrer Ansicht nach Schutzgebiete in einem System ausgewiesen werden, das sich derart massiv ändert?

Ketzerisch ausgedrückt: Die Gletscher zeigen uns, dass es nur eine Welt gibt und nicht Teilwelten oder Inseln. Wir müssen auf das Gesamtsystem Erde besser aufpassen und dürfen uns nicht so sehr auf einzelne Flächen konzentrieren und den Rest quasi zerstören. Denn dann wird auch der Schutz der Einzelflächen nicht funktionieren.

Vieles spricht für einen ganzheitlichen Ansatz, die Welt scheint aber aktuell weit von einer gemeinsamen Haltung zum Schutz des Planeten entfernt zu sein.

Alexander von Humboldt hat es am Ende seines Lebens voller Forschungen im Gebiet der Biologie und Geowissenschaften so ausgedrückt: Alles hängt mit allem zusammen. Bezogen auf die Gletscher und ihren Schutz heißt das: Man kann die Gletscher nicht unter eine Glasglocke stellen. Sie sind Teil der Erde, sie sind vom globalen Klimawandel massiv betroffen. Daran sieht man ganz gut – wie übrigens auch an der Mikroplastik-Problematik –, dass es nicht funktioniert, Subsysteme so zu schützen, dass man sich im Rest der Welt aufführen kann, wie man will.

Links: blühendes Leben und sterbendes Eis: Alpen-Leinkraut im Vorfeld der »Rotmoos-Gletscherreste« (Ötztaler Alpen). Oben: eine Seilschaft auf dem Kesselwandferner (Ötztaler Alpen)

Stilles Gewässer, berühmter Gipfel. Vom Samoarsee geht der Blick über den Marzellkamm zum Similaun (3599 m). Der war vor wenigen Jahrzehnten noch 3606 Meter hoch, inzwischen ist auch seine Gipfelschneehaube längst abgeschmolzen.

Was ist Ihre Schlussfolgerung?
Die Unterschutzstellung kleiner Flächen ist durchaus sinnvoll. Aber gleichzeitig dürfen wir nicht aus den Augen verlieren, dass es um 100 Prozent geht und nicht nur um die 15 oder 30 Prozent der Naturschutzflächen. Beim Gletscher sieht man sehr deutlich, dass das Unterschutzstellen das Problem nicht lösen kann. Es ist das erste Schutzgut der Erde, dem wir großflächig quasi per Fernbedienung das Licht ausknipsen.

Nach wie vor gibt es Erschließungspläne von Seilbahnbetreibern für Skigebiete, zum Beispiel im Pitztal oder auch im Kaunertal. Vom Alpenverein werden diese Projekte bekämpft. Wie blicken Sie als Glaziologin darauf?
Mir geht es um die Gesamtheit der Eisflächen und darum, zu dokumentieren, was mit ihnen passiert. Es gibt 921 Gletscher in Österreich und nur auf zehn davon findet Skibetrieb statt. Die Gletscherskigebiete Österreichs haben es übrigens geschafft, das Wording so zu prägen, dass man, wenn einer sagt, er ist am Gletscher, davon ausgeht, er ist beim Skifahren. Diese Skigebiete nehmen in meinen Augen in der öffentlichen Diskussion zu viel Raum ein, es sind oft sehr emotionale Stellvertreterkriege. Es sollte insgesamt um die nachhaltige Gestaltung unserer Lebensumwelt gehen.

Aber was spricht dagegen, Auswüchse zu benennen und, wo gerechtfertigt, auch zu bekämpfen?
Diese Stellvertreterkriege haben einen großen Nachteil: Man versäumt, sich der Breite des Problems zu widmen. Stellen wir uns vor, die österreichischen Gletscherskigebiete würden sich selbst in die Luft sprengen, dann verlieren wir derzeit ein Prozent der österreichischen Gletscherfläche. Wir haben im Jahr 2023 fünf Prozent der Gletscherfläche an den Klimawandel verloren. Würden sich also alle österreichischen Gletscherskigebiete in die Luft sprengen, dann entspräche das gerade einmal zwei Monaten Gletscherschmelze im anthropogenen Klima-

wandel. Diese Dimension sollte uns zeigen, worüber wir an erster Stelle diskutieren sollten.

Sie fordern also, das Problem an der Basis anzugehen?
Das Wichtigste ist, Klimaschutzmaßnahmen zu setzen. Das Verschwinden der Gletscher ist nicht unser größtes Problem – auch nicht im Hinblick auf den Wasserhaushalt. Was diesen massiv aus dem Gleichgewicht bringen kann, ist eine Änderung des Niederschlagsdargebots und der Verdunstung. Das Wasser, das aus den österreichischen Gletschern in den Flüssen landet, ist, über alle Flüsse und übers ganze Jahr gesehen, relativ gering.

Was beeinflusst die Menge der Niederschläge hauptsächlich?
Die Anströmungsrichtung macht den Hauptteil davon aus, wie viele Niederschläge in den Alpen fallen. Momentan haben wir etwa 1,5 Meter Wassersäule pro Jahr. In den vergangenen Wintern hatten wir aber bis zu 60 Prozent weniger Niederschläge zu verzeichnen. Das wirkt sich natürlich auch auf das Grundwasser aus. Es kann zu einem Problem werden für das Leben im Alpenraum.

Im Sommer gibt es dafür häufiger Starkregen, die sich keiner wünscht.
Wir haben immer häufiger stationäre Wetterlagen, das heißt, der Regen zieht nicht weiter, sondern geht an einer Stelle nieder. Die eisfreien Flächen, die der Gletscher hinterlässt, weisen viel lockeres, mobilisierbares Material auf, das bei Starkregen in Form von Muren herunterkommen kann. Da braut sich ein Cocktail zusammen, der nur sehr schwierig zu bewältigen ist und zudem hohe Kosten nach sich ziehen wird.

Bei aller Wissenschaft und analytischer Betrachtung: Haben Gletscher für Sie eine Persönlichkeit?
Haben Personen eine Persönlichkeit? In bestimmten asiatischen Geistestraditionen ist die Persönlichkeit eine Fiktion, es gibt nur das eine Bewusstsein, Nirwana. Für die Gletscher habe ich dieses übergeordnete Nirwana bildlich vor mir, und zwar die letzte Eiszeit, in der alles Eis eins war.

Aktuell geht es in die gegensätzliche Richtung. Der globale Temperaturanstieg schreitet fort, das Schmelzen wird immer stärker. Sind für Sie Alpen ohne Gletscher schon eine realistische Vorstellung?
Der Moment, in dem die Alpen eisfrei sind und sich der Untergrund konsolidiert hat, ist für mich eine positive Vorstellung. Denn dann kann sich ein neues Gleichgewicht entwickeln. Wir sind gerade in der schwierigsten Phase, in der am meisten Flächen eisfrei werden. Das Naturgefahren-Management, die Frage des Wasserhaushalts und der Schutzgebiete sind allesamt sehr kompliziert, weil die Entwicklung derart dynamisch ist. Wir können es nicht mehr verhindern, also freue ich mich darauf, wenn oben in den ehemaligen Gletscherregionen Bäume wachsen. Es kann zu einer wunderbaren Landschaft werden. Ich glaube, dass das Verschwinden der Gletscher auf längere Sicht eine der am leichtesten handhabbaren Klimawandelfolgen sein wird – hoffentlich.

Was würden Sie studieren, wenn Sie sich heute als junge Frau an einer Universität einschreiben würden?
Ich hatte nicht nur Glaziologie studiert, sondern auch Umweltsystemwissenschaft, weil es ein brennendes gesellschaftliches Thema war. Ich denke, ich würde heute Politikwissenschaften studieren. Die Felder Politik, Medien und Journalismus können uns helfen, die multiplen Krisen zu bewältigen, auf die wir zulaufen. Es braucht Menschen, die gut Sachen verhandeln können. Jahrzehntelang hat man versucht, technische Lösungen zu finden. Wir kommen nun an einen Punkt, an dem es nicht um Technologie geht, sondern darum, miteinander zu reden und Lösungen zu finden.

Bild eines langsamen Sterbens – vom Nährgebiet abgeschnittenes Toteis an der Pasterze.

Das Murnauer Moos, vor 20 000 Jahren noch unter dem Loisachgletscher begraben, dann ein nacheiszeitlicher See, ist heute eines der größten Moore Westeuropas. Am Horizont der Teufelsgrat, der Jubiläumsgrat und die Alpspitze

DIE NASSEN HELDEN

Nach der letzten Eiszeit waren weite Teile Deutschlands mit Feuchtgebieten bedeckt. Der Mensch hat einen Großteil davon trockengelegt und landwirtschaftlich genutzt. Doch jetzt zeigt sich, dass Moore Horte der Biodiversität sind und zudem Unmengen CO_2 speichern können.

Die Pfeifengräser liegen umgeknickt am Boden, bis vor wenigen Tagen lastete der Altschnee auf den Pflanzenresten des Vorjahres. Doch zwischen den braunen Stängeln haben sich Schneeglöckchen den Weg ans Licht gebahnt, ihre weißen Blütenkelche schaukeln im Wind. Auch die Torfmoose sind zum Leben erwacht, an vielen Stellen schimmert es rötlich-violett aus der weitläufigen Moorlandschaft. Südlich der Gemeinde Murnau im Landkreis Garmisch-Partenkirchen haben die Touristiker gemeinsam mit der Unteren Naturschutzbehörde einen Bohlensteg anlegen lassen, der sich mitten durch das Filz schlängelt, wie in Bayern Hochmoore oft genannt werden.

Wer im Frühsommer ins Murnauer Moos kommt und sich Zeit zum Beobachten nimmt, wird den fleischfressenden Sonnentau entdecken, die Sibirische Schwertlilie, das Strohgelbe Knabenkraut oder das Karlszepter, eine streng geschützte Pflanze der Gattung der Läusekräuter, im Volksmund auch Moorkönig genannt. Mit etwas Glück entdeckt der Wanderer ein Braunkehlchen, das offene Wiesenlandschaften bevorzugt und in Deutschland im Bestand als stark gefährdet gilt. Auch Wachtelkönig, Kreuzotter, Zwerglibelle, Wald-Wiesenvögelchen und verschiedene Wasserkäfer und Köcherfliegenarten fühlen sich in dem Feuchtgebiet wohl. Laut der Biologischen Station Murnauer Moos, die von der Unteren

Oben: In den Alpen weit verbreitet, vor allem in der Nähe von Gewässern anzutreffen: die Bachstelze. Rechts: Die Ramsach und ihre Quellbäche entwässern das Murnauer Moos hin zur Loisach.

Oben: Bei Anglern beliebtes, rund fünf Hektar großes Gewässer – der Eichsee im Kochler Moos. Neben Hecht und Karpfen leben hier diverse Weißfischarten. Unten: Graugänse auf der Loisach

Naturschutzbehörde des Landkreises betrieben wird, sind in den Mooren südlich und westlich des Staffelsees mehr als 1800 Tierarten nachgewiesen. Zählt man alle Insektenarten hinzu, gehen die Biologen von mehreren Tausend Arten aus. Bei den Pflanzen ist die Vielzahl nicht minder beeindruckend: Etwa 1000 verschiedene Pflanzenarten sind hier heimisch, fast 200 davon gelten deutschlandweit als bedroht. Und jedes Jahr weisen Wissenschaftler neue Arten nach.

Ein komplexer Lebensraum

Das Murnauer Moos erstreckt sich über 32 Quadratkilometer und ist damit das größte zusammenhängende, naturnah erhaltene Moorgebiet Mitteleuropas. Hier verbinden sich Streuwiesen, Nieder- und Übergangsmoore, Quelltrichter, Naturwälder auf den Köcheln (kreidezeitliche Gesteinshügel), Altwasser und eiszeitliche Reste von Seen mit komplett ausgebildeten Hochmooren zu einem Komplex von Lebensräumen mit vielen seltenen und gefährdeten Arten, die es an anderen Orten schon lange nicht mehr oder nicht in dieser Häufigkeit gibt. Diese Bedeutung ist den Behörden bewusst, sie starteten eine Reihe von Renaturierungsprojekten. Denn auch das Murnauer Moos ist in der Vergangenheit in seinen Randbereichen zum Beispiel durch Torfabbau in Mitleidenschaft gezogen worden. Bedeutsam ist dabei die Zusammenarbeit mit den Landwirten, die mit der im Murnauer Moos traditionellen einmaligen Mahd der Streuwiesen dafür sorgen, dass die Artenvielfalt erhalten bleibt. »Erst die Mahd schuf das Moos in seiner heutigen Form«, sagt der Leiter der Biologischen Station, Tim Korschefsky. Ohne einzelne Entwässerungsgräben wäre eine Bewirtschaftung innerhalb kürzester Zeit nicht mehr möglich, erklärt er. »Das Moos würde bewalden und aus dem Murnauer Moos wäre der Murnauer Wald geworden.«

Maßnahmen wie das Verfüllen von Entwässerungsgräben, das Verlängern eines Damms im früheren Torfstichgebiet und damit das Anheben des Wasserspiegels sind inzwischen umgesetzt. Dennoch wird es noch viele Jahre dauern, bis sich das »Lange Filz« erholt haben wird. Denn durch das vormalige Trockenlegen haben bereits Birken und Bergkiefern wie auch Heidekraut auf Kosten der ursprünglichen Moorvegetation zugenommen. Ein intaktes Hochmoor besteht dagegen hauptsächlich aus Torfmoosen. Sie wachsen bis zu 15 Zentimeter im Jahr, während sie gleichzeitig an der Pflanzenbasis absterben und sich zu reinem Torf verdichten. Hochmoore nehmen dadurch etwa einen Millimeter pro Jahr an Mächtigkeit zu und bilden Landschaften, die sich über die Jahrhunderte wie ein Uhrglas wölben. Wer einen Meter tief gräbt, stößt auf Moose, Wollgräser und Seggen, die vor 1000 Jahren gelebt haben.

Wasser zum Erhalt der Moore essenziell

Nach der letzten Eiszeit vor gut 10 000 Jahren hinterließen die Gletscher ausgedehnte Schmelzwasserseen. Pflanzen besiedelten sie, sodass sie wie im Falle des Murnauer Sees allmählich verlandeten. Bei anhaltender Nässe, also unter Sauerstoffabschluss, bilden abgestorbene Pflanzenreste Torf. Niedermoore erhalten dabei einen Großteil ihres Wassers aus dem Untergrund, während Hochmoore im Gegensatz zu den grundwassergespeisten, mineralienreichen Niedermooren nur dort entstanden, wo es hohe Niederschläge gibt. Weil das Regenwasser arm an Mineralien und Nährstoffen ist, weisen Hochmoore eine völlig andersartige Vegetation auf. Doch beiden Moortypen ist eines gemein: Wenn der Mensch eingreift, beispielsweise um Torf abzubauen oder die Flächen intensiv landwirtschaftlich zu nutzen, dann ist das Ende absehbar. »Entwässerung ist die Hauptursache für tiefgreifende Schäden an Mooren. Durch die Trockenheit beginnt sich der Torf zu zersetzen«, heißt es auf der Infotafel. Luft dringt in die Bodenporen, Mikroorganismen nutzen den Sauerstoff und bauen die Pflanzenreste ab. Der Torf verschwindet und der jahrtausendelang konservierte Kohlenstoff entweicht als Kohlendioxid – Treibhausgas Nummer eins.

Die Fakten liegen auf dem Tisch: Ein Hektar ausgetrocknetes Moor setzt in einem Jahr so viel Kohlendioxid frei wie ein Mittelklassewagen, der die Erde viermal umrundet. In der Gesamtheit sind die Zahlen alarmierend. Entwässerte Moorböden zeichnen für circa sieben Prozent der gesamten deutschen Treibhausgase verantwortlich. Das Gute an der schlechten Nachricht: Nasse Moore schützen nicht nur vor Überschwemmungen und Bränden, sie filtern das Wasser, speichern es in Trockenzeiten und kühlen ihr Umland. Zudem sind sie die effektivsten Kohlenstoffspeicher. Forscher haben berechnet, dass Moore dreißig Prozent des weltweiten Bodenkohlenstoffs binden, obgleich sie nur drei bis vier Prozent der globalen Landfläche ausmachen. Das ist doppelt so viel wie alle Wälder der Erde zusammen.

Nötige Pflichten und innovative Ideen

Der Auftrag an Politik und Gesellschaft ist klar: Moore vernässen und damit aktiven Klimaschutz betreiben. Die Zeichen dafür sind günstig. Das »Nature Restauration Law« der Europäischen Union, seit 2024 in Kraft, verpflichtet die Mitgliedsländer, ihre Feuchtgebiete zu renaturieren – mit konkreten Flächenzielen bis 2030. Es gibt inzwischen viele positive Beispiele, wie das Nickelheimer Filz in der Nähe von Rosenheim, in dem 130 Jahre lang Torf gestochen wurde. 600 Hektar sind inzwischen wieder vernässt. Auch das Projekt »Sanierung des Wasserhaushaltes im Langen Filz« im Murnauer Moos zeigt, wie es gehen kann. Viele private Grundeigentümer haben, koordiniert von der Unteren Naturschutzbehörde, dem Projekt zugestimmt, die nötigen Mittel stellte der Bund und der Bayerische Naturschutzfonds zur Verfügung.

Aktuell sind lediglich zwei Prozent der deutschen Moore intakt, 94 Prozent dagegen gelten als entwässert. Das Murnauer Moos beweist, dass die staatlich geförderte Kulturlandschaftspflege gut funktionieren kann. In eine ähnliche Richtung zielt auch der Biologe Hans Joosten mit seiner Idee der »Paludikultur« (von lateinisch *palus*, Sumpf). Sie soll Landwirten ein Auskommen garantieren. Schilf und Rohrkolben statt Kartoffeln, Mais oder Viehweiden. Bayern hat dazu ein Moorbauernprogramm aufgelegt, dessen Fördersätze deutlich über den Brüsseler Subventionen liegen. Noch sind das nur Pilotprojekte, wie etwa am Abrahamhof im oberbayerischen Benediktbeuern am Loisach-Kochelsee-Moor, auf dem der Biobauer testweise einige Wasserbüffel hält.

Andernorts wird mit dem Verpressen von Süßgräsern, Seggen, Schilf und Binsen experimentiert, die zum Beispiel als Dämm- und Leichtbauplatten, Kartons oder Graspapier dienen können. Die Wirtschaft scheint dafür bereit zu sein. Wie der Versandhändler Otto auf seiner Website schreibt, sollen bis 2027 alle Versandkartons einen höchstmöglichen Anteil an Paludi-Biomasse enthalten – aus wiedervernässten Mooren. Aufschrift: »Moor kann mehr«.

Unten: Die Iris liebt feuchte, nährstoffreiche und sonnige Standorte. Rechts: Der Lange Köchelsee ist eine Hinterlassenschaft des Bergbaus. Nach der Aufgabe des Hartsteinabbaus bei Eschenlohe füllte sich die 80 Meter tiefe Grube mit Grundwasser. Das Ergebnis: ein verstecktes Landschaftsjuwel, fast einen Kilometer lang.

Gipfelschau: Blick vom Jenner übers Watzmannhaus auf den Hochkalter (2607 m). Links im Schatten der Große Hundstod

HÜTTEN UNTER HOCHDRUCK

Alpine Schutzhütten sind wichtige Stützpunkte, die viele Gipfelerlebnisse und Touren erst möglich machen. Der Aufwand, sie umweltfreundlich und verantwortungsvoll zu betreiben, wird stetig größer. Grund dafür ist der menschengemachte Klimawandel, wie sich gerade am Thema Wasser zeigt.

Der Zettel am Eingang der Hütte ist nicht zu übersehen. »Wasser am Reichenhaller Haus« ist er überschrieben, und die Essenz der Botschaft auf der DIN-A4-Seite findet sich schon im ersten Satz: »Wir haben so gut wie dauerhaft Wasserknappheit.« Daniel Peyerl, der Hüttenwirt, hat sich die Mühe gemacht und die Problematik genau beschrieben. Dass die Hütte das Trinkwasser nur von einer 38 Quadratmeter großen Dachhälfte gewinnt, die andere Dachseite befüllt den Tank für die Toilettenspülung. Dass bei einem Niederschlag von zwei Millimetern pro Quadratmeter an einem Tag gerade einmal 75 Liter im Tank landen. Dass die Hütte fünf Tanks á 1100 Liter besitzt, in denen das Wasser mit Filtern gereinigt und anschließend mit UV-Strahlen keimfrei gemacht wird. Dass allein zum Spülen täglich mindestens 100 Liter benötigt werden, wenigstens 40 Liter »zum Suppen- und Würschtl-Kochen« und 20 bis 30 Liter fürs Händewaschen. Und dass dies allein schon einen Wasserbedarf von 200 bis 300 Litern täglich ergibt.

Das alles steht auf dem Blatt Papier – und doch lesen offenbar nur wenige Gäste die Fakten. »Jeden Tag muss ich die Leute zutexten, dass wir kein Wasser haben, dass man nur auf dem Klo draußen scheißen kann und dass es nur ein bisschen Wasser zum Zähneputzen gibt und dafür, den Waschlappen nass zu machen«, sagt Daniel unverblümt, zieht die Stirn in Fal-

Blaue Stunde am Reichenhaller Haus und in der Tiefe die Lichter von Piding

ten und schaut einen mit einem Blitzen in den Augen an. »Waschen mit Waschlappen haben wir früher gelernt, das gibt's scheinbar heute für viele nicht mehr.« Dann lächelt er, denn er liebt diese Hütte trotz oder vielleicht sogar wegen ihrer Unzulänglichkeiten. Das Metallschild über seinem Kopf weist die Basisdaten aus: Reichenhaller Haus, erbaut 1908, erweitert 1928, Seehöhe 1750 m, D.A.V. Sektion Bad Reichenhall. Die eingravierte Schrift ist ausgeblichen, die Holzschindeln der Südfassade, an der es hängt, sind sonnenverbrannt und wettergegerbt. Viele sind aufgebogen, manche gebrochen. Das Haus ist renovierungsbedürftig, das sieht auch ein Laie.

Daniel ist Einzelkämpfer hier heroben zwanzig Meter unterhalb des Gipfels des Hochstaufen – nur sein Hund Lumpi ist sein treuer Begleiter. Wenn er so vor einem steht, mit der an den Seitentaschen speckig gewordenen, knielangen Lederhose und der schwarzen Windjacke, und an

seiner Zigarette zieht, dann spürt man, dass er es genießt, ganz allein der Chef zu sein. An diesem Donnerstag Anfang September ist wenig los, das Wetter soll umschlagen, am westlichen Horizont trübt es sich ein. Ob Regen kommt? »Der zieht leider oft an uns vorbei, das ist ja das Problem«, sagt der Hüttenwirt. Früher habe es öfter Tage mit Dauerregen gegeben, die die Tanks füllten. Doch durch den Klimawandel bleibe es hier am Ostrand der Chiemgauer Alpen oft wochenlang ohne nennenswerten Niederschlag. Gerade einmal sieben Gäste übernachten heute in der Hütte, ein Vater mit seinem sechsjährigen Sohn und ein junges Ehepaar, das unten in der Hubertustherme in Reichenhall arbeitet und sich einen Tag freigenommen hat. An den Wochenenden, wenn die 20 Schlafplätze oft voll sind, helfen Daniels Mutter in der Küche mit und Kumpels aus dem Tal. Aus den Wasserhähnen tröpfelt es nur, Daniel hat das so eingestellt. Und für den Toilettengang muss man raus und rechts zum Klo im Anbau, denn für die Toiletten bei den Waschräumen wäre das Trinkwasser zu schade.

Die Wasserknappheit gibt den Takt vor, oft hilft nur Improvisieren. »4800 Liter stehen uns effektiv zur Verfügung. Damit kommen wir eine Woche aus«, sagt er. Zeichne sich ab, dass kein Regen kommt, ändert sich auch das Menü. »Dann gibt es nur noch Würstl auf Pappteller.« Der 41-Jährige ist vermutlich prädestiniert für solch einen Job hoch über dem Chiemgau. Mechaniker habe er gelernt, erzählt er. Einige Jahre tourte er im Motorsport-Business mit durch die Lande. Später verdingte er sich als PV-Anlagentechniker, bevor er für mehr als ein Jahr nach Sizilien zog, um dort ein leer stehendes Hotel in eine Flüchtlingsunterkunft umzubauen. Gestrandete aus Lampedusa, 30 Prozent Ägypter, 70 Prozent Schwarzafrikaner, berichtet er. »Vor mir sind schon Leute mit gezücktem Messer gestanden«, erzählt Daniel über Streitigkeiten in der Unterkunft und zieht an seiner Zigarette. So leicht bringt ihn nichts aus der Ruhe.

Der Raum, in dem das knappe Wasser aufbereitet wird, ist eng und hoch und hat den Charme einer Lagerhalle. Am Boden liegen Plastikschläuche und Kabel, knapp über unseren Köpfen ist ein Stahlträger eingezogen, auf den die fünf Tanks ruhen. Zwischen allerlei Werkzeug und Farbtöpfen stehen 10-Liter-Eimer mit feinem Split – Dolomitgestein aus dem Berchtesgadener Land. »Das Wasser vom Dach ist zu sauer, der Kies macht es basischer«, sagt der Hüttenwirt. Wie das geht? Daniel schneidet Löcher in die lebensmittelechten Eimer und stellt sie in die Tanks.

Improvisieren ist für ihn Alltag. Ein Feinpartikelfilter säubert anschließend das Wasser, danach wird es mit ultraviolettem Licht bestrahlt, um Keime abzutöten. Die UV-Anlage wird mit Solarstrom vom Dach gespeist, freilich gibt es bei zu wenig Strom auch ein kleines Blockheizkraftwerk, das mit Rapsöl betrieben wird.

Wer jetzt Zweifel hegt, ob die Wasseraufbereitung einwandfrei abläuft, muss wissen, dass regelmäßig geprüft wird. »Zweimal im Jahr beauftragt die Sektion eine private Firma zur Wasseranalyse und einmal beprobt das Gesundheitsamt unser Wasser«, erklärt Daniel. Der am Fuße des Hochstaufen geborene Pidinger, von dessen Gipfelaufbau er nun sechs Monate im Jahr auf seine Heimat herunterschaut, ist mit der Hütte verwachsen. Und das, obwohl er sie erst in der zweiten Saison leitet. Auch wenn er mit der Leidtragende ist, ein wenig hat er Angst vor dem, was nach der Renovierung sein wird. Ist der Spirit dann noch da? Immerhin steht der aus Stein gebaute Teil des Reichenhaller Hauses seit Kurzem unter Denkmalschutz – ganz abreißen und neu bauen geht also nicht.

Renovierungspläne für die Hütte

Eigentlich sollte es schon im Herbst 2025 losgehen mit der Generalsanierung, die Pläne sind fertig. »Die Genehmigung zieht sich in die Länge«, sagt Max Walch, Vorsitzender der Sektion Bad Reichenhall. Es geht um die naturschutzrechtliche Prüfung, zum Beispiel wann und wie oft geflogen werden dürfe. Denn für den teilweisen Neubau – die maroden Holzanbauten der Hütte werden abgerissen – braucht es Hubschrauberflüge, alles andere wäre viel zu aufwendig. Die Küche ist zu klein und »nach heutigen Maßstäben nicht mehr genehmigungsfähig«, sagt Walch. Außerdem müsse die Abwasserentsorgung auf einen neuen Stand gebracht werden. Im Zuge der Renovierung, die nach aktuellen Schätzungen 1,7 Millionen Euro kosten wird, lässt die Sektion auch mehr Tanks zum Wasserspeichern installieren. »Wir müssen auf den Klimawandel reagieren. Die Trockenphasen werden länger, und wenn es regnet, dann oft so stark, dass die Aufbereitungsanlage das nicht schafft«, analysiert Walch. Er hofft, das Großprojekt 2026 beginnen zu können. Knapp werde das Wasser aber auch in Zukunft bleiben. Daniel ficht das nicht an, er hat als Ultraläufer Durchhaltevermögen. Dabei sei er eher einer von der entspannten Sorte, wie er zugibt. »Ich rauche vor jedem Lauf einen Joint, dann geht es leichter.«

Ein bisschen Leichtigkeit würden sich angesichts der Klimakrise viele Hüttenwirte in den Alpen wünschen. Keine 20 Kilometer Luftlinie entfernt liegt das Watzmannhaus, legendär als Stützpunkt für die Watzmann-Überschreitung. Anders als das Reichenhaller Haus ist die Hütte während der Saison fast durchweg voll belegt, 200 Übernachtungsgäste nimmt das Haus maximal auf. Von daher ist das Wasserproblem noch drängender. Auch das Watzmannhaus, gebaut im Jahre 1887 auf 1930 Metern auf dem Falzköpfl, einem Felssporn, liegt in den Nördlichen Kalkalpen und hatte von jeher wenig Wasser zur Verfügung. Doch früher versorgte das Schmelzwasser der Schneefelder bis in den Frühsommer hinein die Alpenvereinshütte, ein

Zu Split zerkleinerter Dolomit hilft bei der Aufbereitung des Trinkwassers am Reichenhaller Haus mit.

Im innersten Taschachtal, bereits in Sichtweite des Taschachferners, liegt das AV-Haus, als drittes des Vereins 1874 erbaut. Damals war Wassermangel noch kein Thema.

Teil kommt aus einer Quelle. Seit Jahren fehlen diese ausgedehnten Schneefelder im Frühjahr, hat die Sektion München beobachtet, der die Hütte gehört. »Das sind definitiv die Auswirkungen des Klimawandels, weil im Winter einfach weniger Schnee fällt«, sagt Markus Block, Referent Öffentlichkeitsarbeit der Sektion München. Auch die kurzen Kälteeinbrüche im Sommer mit Schneefällen in der Höhe gehören der Vergangenheit an. Zudem schmilzt der Schnee mit den steigenden Temperaturen schneller. »Dort oben ist Karstgelände, Regen versickert sofort«, erklärt Markus. Also habe die Sektion München reagiert und vor ein paar Jahren eine Zisterne gebaut, denn das Wasser vom Dach reiche hinten und vorne nicht.

Paul Verst kennt das Watzmannhaus in- und auswendig, er ist dort oben groß geworden.

Die Alpenmargerite ist weit verbreitet; in den Ötztaler Alpen wurde sie in Höhen von über 3000 Metern nachgewiesen.

Der Mittzwanziger leitet seit der Saison 2024 die Alpenvereinshütte, zuvor waren seine Eltern Bruno und Annette 25 Jahre lang Hüttenwirte. Längst hat die Familie auf die Situation reagiert. Auf dem Watzmannhaus gibt es keine Duschen und es sind zwei getrennte Wasserleitungen eingebaut, eine mit Brauchwasser für die Toilettenspülung und eine Trinkwasserleitung für Küche und Waschräume. Zusätzlich gibt es Trockenurinale, um noch mehr Wasser zu sparen. Ferner wurden in der Vergangenheit die Übernachtungsplätze bei Umbauten leicht reduziert. In den Augen der Sektion München »eine sinnvolle Besucherlenkung«, wie Markus Block sagt. Apropos Lenkung: Wandergruppen bringt Paul auf die Zimmer und erklärt dabei die besonderen Gegebenheiten des Hauses. In den Waschräumen hat er die Wasserhähne so eingestellt, dass nur Rinnsale rauskommen. Das reicht zum Zähneputzen und für eine Katzenwäsche. Und auf der Speisekarte fehlen in regenarmen Zeiten Klassiker wie Kasspatzn, weil zum Reinigen der Pfannen viel Wasser benötigt wird.

Die Suche nach Lösungen

Doch trotz aller Einschränkungen und Sparmaßnahmen versiegte das Brauchwasser in den vergangenen Jahren schon mal komplett. »Wir mussten Dixi klos hochfliegen lassen«, berichtet Markus Block, »und Waschräume wurden auch schon mal zugesperrt und nur zu bestimmten Zeiten geöffnet.« Das große Traditionshaus unter dem Hocheck wegen Wassermangels zu schließen, ist für die Sektion München eine Schreckensvorstellung. »Die Überschreitung ist derart beliebt, viele würden dann einfach wild biwakieren«, sagt Markus und verweist auf das Coronajahr 2020, als teilweise bis zu 50 Leute illegal im Umfeld der Hütte nächtigten. Dazu muss man wissen, dass das Watzmannhaus im Nationalpark Berchtesgaden liegt, in dem zum Schutz der Natur besonders strenge Regeln gelten.

Was also tun? Die Verantwortlichen möchten eine Lösung, die den Bestand der Hütte langfristig sichert und das Wasserproblem am besten ein für alle Mal löst. Deshalb wäre eine Leitung von der Kührointalm, die auf 1420 Metern Höhe liegt, zum Watzmannhaus eine Möglichkeit. Denn auf der Alm gibt es nicht nur zwei Kaser und eine privat bewirtschaftete Berghütte, sondern auch ein Polizeitrainingszentrum – und eine fertige Planung für eine Frischwasser- und Abwasserleitung vom Tal her; ein kommunales Projekt, das in die bestehende Forststraße eingebracht werden soll. Hier will die Sektion München andocken, doch so einfach ist es nicht, zumindest, was die Genehmigung betrifft. 500 Höhenmeter wären zu überwinden, die Leitung würde mitten durch den Nationalpark verlaufen.

Auch Carolin Kalkbrenner, Ressortleiterin Hütten und Wege der Sektion München, bangt um die Zukunft des Traditionshauses. Aktuell erwägt die Sektion, mit über 180 000 Mitgliedern eine der beiden größten Sektionen des DAV, den Umstieg auf Trockentrenntoiletten. Doch sollten die Schneefelder einst ganz ausbleiben, könnte es trotzdem knapp werden. Ob der Anschluss an den Kanal der Kührointalm klappt, ist derzeit noch unklar. »Es kann sein, dass wir durch das Veto des Nationalparks oder Klagen von Umweltverbänden keine Baugenehmigung bekommen. Es hängen leider noch viele Abers dran«, sagt Kalkbrenner. Derzeit würden die Varianten geprüft, auch im Hinblick auf das übergeordnete Ziel des DAV und der Sektion München, bis 2030 CO_2-neutral zu sein.

Weitere Herausforderungen auf den Alpenhütten

Zehn bewirtschaftete Hütten und 13 Selbstversorgerhütten betreibt die Sektion München, und das Watzmannhaus ist keineswegs das einzige Sorgenkind. Am Heinrich-Schwaiger-Haus in der Glocknergruppe auf 2800 Metern ist der Berg in Bewegung, Steinschlag und Hangrutschungen beschädigen immer wieder die Quellfassung. »Uns hat es in den letzten Jahren immer wieder das Quellbecken zerschlagen«, berichtet die Hütten-Ressortleiterin. Am Taschachhaus (2434 m) unterhalb des Taschachferners spült es regelmäßig Sand, Kies und Steine in das Einlaufbecken des kleinen Wasserkraftwerks, das die Hütte mit Strom versorgt. »Die Turbine muss dann abgeschaltet werden, weil sie sonst kaputtgehen würde«, sagt Kalkbrenner. Die Sektion München müht sich, den Einlauf besser zu schützen, doch die öfter auftretenden Starkregen machten die mühselige Arbeit schnell wieder zunichte. »Wir hatten auch schon Bagger oben«, erzählt sie. Den immensen Aufwand sähen viele Gäste nicht. »Dass eine Klospülung immens viel kostet, bedenkt keiner.«

Immenses Hüttenwasserproblem

Dass die Situation auf den alpinen Hütten schwieriger wird, bestätigt Xaver Wankerl, zuständig für Hüttenbau und -technik im DAV. Denn gerade Hütten, auf denen das Wasser schon immer ein knappes Gut war, gerieten durch länger anhaltende Trockenperioden in Schwierigkeiten. »Und wenn dann Niederschläge kommen, dann meist in Form heftiger Unwetter, was dazu führt, dass das Wasser nicht nutzbar ist, weil es durch den hohen Gehalt an Schwebstoffen eine zu hohe Trübung aufweist«, sagt er.

Akute Wasserprobleme hätten etwa ein Drittel der Hütten der Kategorie I, das sind Schutzhütten in Extremlage, die laut DAV-Statuten »ihren ursprünglichen Charakter als Stützpunkt für Bergsteigende und -wandernde bewahren müssen«. Von den 325 Hütten, die der Deutsche Alpenverein in Deutschland (140), Österreich (183), der Schweiz (1) und Frankreich (1) betreibt, liegen 252 in den Alpen – die meisten davon gehören der Kategorie I an.

Wie eklatant das Wasserproblem inzwischen ist, zeigt das Beispiel Neue Prager Hütte im Nationalpark Hohe Tauern. Das Haus ist Ausgangspunkt für Großvenediger-Touren und musste in den vergangenen Jahren mehrmals vorzeitig schließen, weil den Hüttenwirten das Wasser ausging. Die neue Wirklichkeit hat also längst begonnen.

Die Venedigergruppe ist der flächenmäßig am stärksten vergletscherte Bereich der Hohen Tauern. Als Stützpunkt bei der Besteigung des Großvenedigers (3657 m) dient die Neue Prager Hütte. In den Wintermonaten kann sich niemand die sommerlichen Wasserprobleme vorstellen.

FORMENSPIEL

Die Alpen als Wetterverstärker

Blatten, Bondo und die Bergstürze

Walle, Walle, Wasser fließe

Mitten in den Ammergauer Alpen liegt ein echtes Landschaftsjuwel: der fünf Kilometer lange »Tiroler Fjord« des Plansees (976 m).

Links: Wind und Wetter verwandeln die Gesäuseberge im Winter in eine märchenhafte Berglandschaft.
Oben: ein Gewitter über dem Kochelsee vor der schwarzen Silhouette des Herzogstands

Apokalyptische Wolken ziehen übers obere Inntal, verhüllen Gipfel und Grate. In Stams tobt schon das Unwetter.

Oben: Wilder Wolkentanz über dem Susatal. Riesige Wolkentürme verhüllen den größten Berg hier, den Rocciamelone (3538 m). Rechts: Das Gewitter ist vorbei. Abendsonne auf dem Lago di Ledro, beobachtet vom Monte Altissimo di Nago (2079 m). Bei klarer Sicht zeigen sich am nordwestlichen Horizont die Gipfelketten des Adamello und – ganz fern – sogar der Piz Roseg im Berninamassiv.

Stilles Wasser unweit vom Straßenlärm. Übers Wietenkar geht der Blick zu den nördlichen Ausläufern des Weißkamms (Innere Schwarze Schneid, 3367 m).

DIE ALPEN SIND EIN ABSOLUTER WETTER-VERSTÄRKER

Der Meteorologe Sven Plöger prophezeit, dass es in den Alpen noch gefährlicher werden wird als im Flachland. Gründe sind die im Bergland schneller steigenden Temperaturen und Wetterphänomene, die dort stärker ausfallen. Dabei sind die Alpen und besonders ihr Wasserreservoir für Europa unverzichtbar.

Herr Plöger, ist der Begriff »Wasserschloss Europas« für die Alpen gerechtfertigt?
Definitiv. Es wird dort eine unglaubliche Wassermenge generiert. Es gibt große Niederschlagsmengen, weil in den Bergen Stauniederschläge entstehen. Viele große Flüsse entspringen in den Alpen – ob Rhein, Rhone oder Po – und die transportieren in viele Gegenden Europas Wasser. Die Alpen sind ein riesiges Wasserreservoir, gerade wenn man den geografischen Raum betrachtet, der ja im Vergleich zur Fläche Europas recht klein ist. Schätzungen der Europäischen Umweltagentur zufolge stammen bis zu 40 Prozent des Trinkwassers Europas aus den Alpen.

Was hat sich klimatisch in den vergangenen 25 Jahren verändert?
Wir Meteorologen haben in den letzten zwei Jahrzehnten beobachtet, dass die Variabilität der Niederschläge zugenommen hat. Wir haben auch in den Alpen längere Trockenphasen und dann wieder Starkregenereignisse von nicht gekannter Dimension. Die Großwetterlagen sind

stabiler als früher – Hochdruckgebiete, die nur sehr langsam weiterziehen, Tiefdruckgebiete, die sich über längere Zeiträume regelrecht festsetzen. Und das, was wir im Flachland erleben, gibt es in verstärkter Form in den Bergen.

Warum sind die Wetterphänomene im Bergland stärker?

Die Berge stehen den Luftströmungen im Weg und kanalisieren sie. Die Luft muss entweder drum herum oder oben drüber. Aufsteigende Luft kühlt sich ab und wenn der sogenannte Taupunkt erreicht ist, beginnt der enthaltene Wasserdampf zu kondensieren. Bedingt durch den Klimawandel ist die Luft aber nun prinzipiell wärmer und so greift die sogenannte Clausius-Clapeyron-Gleichung, die besagt, dass pro Grad Celsius sieben Prozent mehr Wasserdampf in die Atmosphäre hineinpassen. Dieser Zusammenhang ist exponentiell und das bedeutet: Wärmere Luft kann nicht nur mehr, sondern viel mehr Wasserdampf aufnehmen als kältere. Und wenn mehr drin ist und durch die Berge gehoben wird, kann eben mehr kondensieren und herausfallen.

Gezähmte Isar. Alles da, Berge rundum, ein riesiges Geröllbett, eine artenreiche Biosphäre. Nur eines ist manchmal Mangelware: Wasser. Denn bei Krün wird ein Teil der »grünen Isar« in den Walchensee abgeleitet.

Der Alveo di Loppio am Passo di San Giovanni wird nur nach ergiebigen Regenfällen zu einem seichten See.

Deshalb verstärken sich die Niederschläge in den typischen Staulagen, also auf der windzugewandten Seite, der Luvseite. Beim Wetterphänomen Föhn wirkt das extrem: auf der Luvseite der Berge starke Regenfälle und auf der Leeseite durch die warmen Abwinde eben der Föhneffekt mit trockener Warmluft. Ich nenne das immer ein bisschen heiter »Thermodramatik« und meine Thermodynamik.
Berge verstärken das normale meteorologische Geschehen in der freien Atmosphäre deutlich. Im Flachland sind bei uns 500 bis 800 Millimeter Niederschlag im Jahr normal, in den Alpen gibt es viele Regionen, in denen 1500 oder auch deutlich über 2000 Millimeter jährlich runterkommen. Die Alpen sind ein absoluter Wetterverstärker.

Die meisten Menschen glauben bei Katastrophen aber eher an Schicksal als an physikalische Gesetze.

Bei der Flutkatastrophe im spanischen Turis bei Valencia fielen in 24 Stunden 771 Liter pro Quadratmeter. Nochmals: Viele Orte in Deutschland haben Niederschlagsmengen von 500 bis 800 Litern im Jahr! 179 Liter in einer Stunde war der Spitzenwert in Spanien. Bei der Ahrflut fielen in der Fläche 100 bis 200 Liter Regen in 24 Stunden. Wir Menschen denken linear, das Exponentielle ist uns fern. Wir meinen, das mit den Wetterkapriolen wird halt ein wenig stärker. Das ist aber fatal an der Wirklichkeit »vorbeigedacht«. Denn für die Zukunft werden diese Extrema beschleunigt. Jedes harmlos klingende Zehntelgrad verstärkt die Starkregenereignisse immer massiver.

Wie und wo lässt sich aber schwer vorhersagen, oder?

Wettervorhersagen werden zwar dank der vielen erhobenen Daten, der Rechenleistungen von

Hochsommerliche Wolkentürme über den Berner Alpen, vom Furkapass aus beobachtet. Links die wuchtige Felsgestalt des Finsteraarhorn (4274 m), rechts die »Zwillinge« Lauteraarhorn und Schreckhorn (4078 m)

Computern und nun auch der KI immer besser, dennoch spielen so viele Faktoren eine Rolle – der Jetstream in großer Höhe zum Beispiel oder die globalen Meeresströmungen im Atlantik –, dass man im komplexen Erdsystem auch zukünftig mit Unsicherheiten und Wahrscheinlichkeiten zu tun haben wird. Einen Monat im Voraus zu prognostizieren, wird bis in eine ferne Zukunft ein Traum bleiben – vielleicht für immer. Freilich kriegt am Ende nicht jeder jedes Jahr extremes Wetter ab. Aber die Wahrscheinlichkeit dafür wird eben signifikant höher.

Die Gletscher schmelzen, bedingt durch den Temperaturanstieg, immer schneller, was die jährlichen alpinen Gletscherberichte eindrücklich dokumentieren. Was bedeutet das für den Wasserhaushalt der Alpen?
In den Gletschern sind enorm große Wasservorräte gebunden. Ein intakter Gletscher liefert uns im Sommer Trinkwasser und im Winter wird der Speicher wieder gefüllt. Wenn er schmilzt, dann verschwindet dieses Wasser. 2022 war beispielsweise ein sehr trockenes und heißes Jahr, die Pegelstände der Flüsse waren durch das Schmelzwasser inneralpin hoch, doch außerhalb der Alpen hatten beispielsweise Rhein und Po durch die ausbleibenden Niederschläge niedrige Pegelstände. Wenn in wenigen Jahrzehnten das Wasser der Gletscher fehlen wird, dann wird sich das Problem naturgemäß verstärken.

Nehmen wir Vater Rhein als Beispiel, denn er ist für Deutschlands Binnenschifffahrt überaus wichtig. Was wird es für Konsequenzen haben, wenn er nicht mehr von den Gletschern gespeist wird?
60 Prozent des Rhein-Pegels liefern laut Studien im Sommer die Gletscher plus die Niederschläge in der Schweiz. Pegelstände werden also in Trockenzeiten ohne die Gletscher nochmals viel stärker absinken. Das hat weitreichende Konsequenzen, nicht nur für die Schifffahrt. Das Wasser wird bei niedrigem Pegelstand schneller warm, was für viele Lebewesen wie Fische fatal

Federleicht oder bleischwer? Wolken bestehen aus unzähligen winzigen Wassertropfen oder Eiskristallen und können leicht ein paar Tausend Tonnen wiegen. Und schweben trotzdem hoch in den Himmel.

Winterimpressionen aus dem Fanes- und dem Stillachtal

sein kann. Auch die Grundwasserneubildung ist unter einem Fluss, der wenig Wasser führt, schwierig. Die Kühlung von Kraftwerken ist ein Problem – die Franzosen kauften 2022 in großem Stil deutschen Strom, weil sie ihre Kernkraftwerke nicht mehr kühlen konnten.

Abgesehen vom volkswirtschaftlichen Schaden haben viele Menschen die niedrigen Pegelstände auch in ihrem Geldbeutel gespürt.
Ja, ich kann mich noch gut erinnern, dass die Spritpreise 2022 in Süddeutschland massiv stiegen, weil man den Kraftstoff nicht per Binnenschifffahrt transportieren konnte. Man glaubt das vielleicht gar nicht, aber in Deutschland werden die meisten Massengüter wie Kohle, Erz, Bau- und Treibstoffe per Schiff transportiert.
Eis hält Gestein zusammen, wirkt also wie Kitt. Wenn Eis verschwindet, wird Gestein automatisch bröckelig. Wenn Starkregen dazukommt, ist die Gefahr von Murgängen groß. Im Winter verzeichnen wir immer öfter Temperaturwechsel, Warmluft dringt bis in große Höhen hinauf, dann kehrt Kaltluft zurück und Wasser gefriert zu Eis. Das wirkt

Bröckelnde Schönheit. Am Gipfel des Hochvogel (2592 m) tut sich seit Längerem eine tiefe Spalte auf, ein Bergsturz mit 250 000 Kubikmeter Gestein scheint in absehbarer Zeit wahrscheinlich.

sich auf die Stabilität von Gestein und auch auf die Schichtung des Schnees aus. Insgesamt steigt dadurch die Lawinengefahr. Wo, wann und wie, muss man kleinräumig untersuchen und beobachten. Das wird eine große Herausforderung.

Und der Permafrost, wie gefährlich ist sein Tauen?

Es gibt viele Forschungen dazu, unter anderem auf der Zugspitze. Ich war inzwischen mehrmals in dem Kammstollen, der auf 2800 Metern in den Stein getrieben wurde und in dem Wissenschaftler der Technischen Universität München unter Leitung von Professor Krautblatter die Entwicklung des Permafrostes untersuchen. Und das übrigens seit 25 Jahren. Mitten im Tunnel sind die Temperaturen um ein halbes Jahr versetzt, die höchsten sind im Januar und Februar messbar, die niedrigsten im Sommer. Das liegt daran, dass Gestein eine Zeit braucht, um Wärme bzw. Kälte zu leiten. Die Forscher haben mittels Elektroden gemessen, dass im Fels der Zugspitze seit dem Jahr 2007 die Durchschnittstemperatur von minus 1,2 Grad auf heute minus 0,7 Grad

gestiegen ist. Bei minus 0,5 Grad verschwindet der Permafrost allmählich, es ist der kritische Punkt, bei dem das Gestein instabiler wird.

Und wie gefährlich sind diese Ergebnisse für uns Menschen?

Das hängt von der Beschaffenheit des Gesteins ab, von der Exposition, davon, wie steil die Bergflanke ist. Und natürlich auch davon, ob Starkregen niedergeht. Man kann also keine Prognose für die ganzen Alpen geben, sondern nur jeweils vor Ort die Situation prüfen. Durch die Forschung auf der Zugspitze wollen die Geowissenschaftler die Vorgänge im Permafrost und im Gestein besser verstehen. Professor Krautblatter hat auch am Gipfelaufbau des Hochvogel im Allgäu ein dichtes Netz an unter anderem seismografischen Messpunkten aufgebaut, eine Art Frühwarnsystem für den stark bergsturzgefährdeten Gipfel. Die Silvretta, das Fluchthorn und auch der Piz Buin unterliegen derzeit einer besonderen Beobachtung. Sie gelten wegen ihrer steilen Felsflanken als besonders bruchgefährdet.

Sind große Speicherseen in den Bergen sinnvoll, um den Wasserhaushalt der Alpen künftig zu regulieren?

Die Zielsetzung muss es meines Erachtens sein, nach Möglichkeit Wasser auch in den warmen Monaten in den Bergen zu halten. Das würde den Wasserhaushalt stabilisieren. Der größte Hebel ist und bleibt es, die Emissionen so zu senken, dass der Temperaturanstieg nicht aus dem Ruder läuft. Das ist eine gesellschaftliche und politische Aufgabe für den gesamten Globus, der wir derzeit leider nicht gerecht werden – mit allen meist negativen Folgen für die nachfolgenden Generationen. Aber natürlich kann man sich auch an einige Veränderungen anpassen: Wasser in Seen zu speichern und so oben zu halten, ist aus meiner Sicht durchaus vernünftig. Es kommt allerdings sehr auf die jeweiligen Gegebenheiten vor Ort an. Alpen sind nicht gleich Alpen. Und nicht alles technisch Mögliche ist automatisch vernünftig und bezahlbar.

Halten Sie es für möglich, dass sich Talschaften künftig nicht mehr schützen lassen und sich die Alpen in Teilbereichen entvölkern, wie das beispielsweise im Piemont in wirtschaftlichen Notzeiten schon mal passiert ist?

Es hängt entscheidend davon ab, ob wir die Klimaproblematik an ihren Ursachen gedreht bekommen. Wenn wir das nicht hinbekommen, dann können die Veränderungen nach meinem Dafürhalten in wenigen Jahrzehnten so robust sein, dass sie in einigen Landstrichen nicht mehr beherrschbar sein werden. Die Frage wird dann sein, wie viel Geld die Gesellschaft für Anpassungsmaßnahmen ausgeben will.

Für den touristischen Sektor wird der Klimawandel eine große Herausforderung werden beziehungsweise ist es schon. Ohne Lenkungsmaßnahmen, wozu sicherlich auch Sperrungen und andere Einschränkungen gehören werden, wird es in Zukunft nicht gehen – so gerne ich hier auch etwas anderes antworten würde.

Links: Am Tomasee beginnt blumenreich die lange Reise des Rheinwassers bis zu seiner Mündung in die Nordsee: 1230 Kilometer. Oben: Der Enzyan – eine Symbolblume der Alpen

Absturz des Bonatti-Pfeilers im Sommer 1997 – Aiguille du Dru, Mont-Blanc-Gebiet

BLATTEN, BONDO UND KEIN ENDE

Der Berg bricht immer öfter. Bergstürze gab es in den Alpen immer schon. Doch höhere Temperaturen und sintflutartige Niederschläge machen Gestein und Hänge instabiler. Eine Spurensuche.

Vermutlich sind die verstörenden Bilder vom verschütteten Blatten im Walliser Lötschental die neue Realität in weiten Teilen der Alpen. Als am 28. Mai 2025 ein Teil der Nordflanke des Kleinen Nesthorn (3820 m) samt der Eisauflage des Birchgletschers abbrach und ins Tal donnerte, ist der schlimmste Fall eingetreten, den Forscher vorhergesagt hatten. Schätzungen zufolge sind insgesamt drei Millionen Kubikmeter Eis und sechs Millionen Kubikmeter Gestein ins Tal gerauscht und haben den 300-Einwohner-Ort unter sich begraben. Blatten war zuvor evakuiert worden, doch der Bergsturz hat eines gezeigt: Effektiven Schutz gegen solche Naturgewalten gibt es nicht. »Mit Fangnetzen kann man 20 Kubikmeter auffangen, mit Erdwällen einige Tausend, aber vor einer derartigen Masse kann man Orte nicht schützen«, sagte der Münchner Geologieprofessor Michael Krautblatter. Er forscht seit Jahren an der Zugspitze zu den Folgen des tauenden Permafrosts, zu denen Fels- und Bergstürze zählen. Wie in Bondo, acht Jahre zuvor …

Der Tag, an dem Bondo von einer Geröll- und Schlammlawine heimgesucht wurde, war trocken und warm. Nur ein paar harmlose Kumuluswolken zierten den blauen Himmel, als gegen 16 Uhr erst ein Grollen und dann ein dumpfes Poltern zu hören war. Am 23. August 2017 hatten sich von der Nordflanke des Piz Cengalo (3369 m) rund drei Millionen Kubikmeter Gestein gelöst. Nach dem Bergsturz dauerte es nur 30 Sekunden, bis eine bis zu 100 Meter breite Geröllawine durch das Val Bondasca donnerte und am Talausgang

Oben: Aus der Nordflanke des Piz Cengalo (3369 m) lösten sich im August 2017 riesige Gesteinsmassen und verwüsteten das Val Bondasca bis hinunter zum Dorf Bondo. Unten: Bachverbauung in Pfunds, errichtet nach dem verheerenden Hochwasser vom August 2005. Rechts: Im Frühling 2025 verwüsten 90 Millionen Tonnen Gestein den Ort Blatten im Lötschental.

Nach extrem heißen Sommertagen riss im August 2022 an der Nordflanke der Marmolada ein gewaltiger Teil des gleichnamigen Gletschers ab und verschüttete den Normalanstieg. Elf Menschen, die auf der Route unterwegs waren, fanden den Tod.

auch Teile von Bondo zerstörte. Die 200 Einwohner des Dorfes im Schweizer Kanton Graubünden waren da bereits in Sicherheit gebracht, ein automatisches Vorwarnsystem hatte Alarm ausgelöst. Denn bereits Jahre zuvor waren Teile des Berges abgebrochen und ein Murgang hatte den örtlichen Zeltplatz verwüstet.

Dennoch starben acht Bergsteiger auf einem Wanderweg bei dieser Naturkatastrophe. Mit solch einer Schlamm- und Geröllllawine mitten in einer trockenen und warmen Spätsommerphase hatten weder die Einwohner von Bondo noch die Behörden gerechnet. Denn Murgänge brauchen Wasser, viel Wasser, damit Gestein und Geröll ins Gleiten kommen. Sie entstehen eher bei oder nach Starkregen.

Mehrere Theorien und vielschichtige Folgen des Murgangs

Doch wie konnte das Unglück trotzdem passieren? Eine von den Behörden eingesetzte Expertengruppe ging zunächst davon aus, dass durch den Aufprall der Felsmassen auf den Gletscher Eis geschmolzen sei, das die Mure in Gang gesetzt habe. Videoaufnahmen zeigten aber, dass das Gletschereis pulverisiert worden war und sich dann als feine Schicht auf die Bergsturzmasse gelegt habe. Der Geologieprofessor an der Rheinisch-Westfälisch-Technischen Hochschule Aachen, Florian Amann, entwickelte daraufhin eine neue These, die auch die Berichte von Augenzeugen heranzog. Letztere hatten geysirartige Wasserfontänen unmittelbar nach dem Bergsturz in den Himmel schießen sehen. Amann geht deshalb davon aus, dass das Gestein auf von Wasser gesättigte Sedimente fiel. Ähnlich einem vollgesogenen Schwamm, den man zusammendrückt, wurde das Wasser aus dem Moränenuntergrund herausgepresst und bildete so die Gleitmasse, die den Schuttstrom auslöste. Der Piz Cengalo wurde bereits seit einem Felssturz im Jahre 2011 überwacht. Ein Geologe der ETH Zürich hatte schon am 10. August, also knapp zwei Wochen vor dem Unglück, vor einem größeren Bergsturz gewarnt und per E-Mail empfohlen, das Bondasca-Tal vorläufig nicht mehr zu betreten. Allerdings nahmen die Behörden die Warnung offenbar nicht ernst. So hat die Katastrophe seit 2018 ein juristisches Nachspiel. Ein neues Gutachten aus dem Jahr 2023, von zwei Angehörigen in Auftrag gegeben, unterstützt den Vorwurf, dass das amtliche Gefahrenmanagement versagt habe. Denn mehrere dokumentierte Felsstürze am Piz Cengalo hätten auf die Bewegung im Berg hingewiesen. Im Januar 2024 eröffnete die Staatsanwaltschaft Graubünden eine neue Strafuntersuchung zum Bergsturz. Fünf Personen, darunter Mitarbeiter des Amtes für Wald und Naturgefahren sowie die damalige Bürgermeisterin Anna Giacometti, wurden wegen fahrlässiger Tötung angeklagt. Das Urteil steht noch aus.

Bis heute ist das Bondasca-Tal für Wanderer gesperrt. Die Sciorahütte eröffnete im Juli 2025 wieder, sieben Jahre nach der Katastrophe. Man erreicht die Hütte nun über einen neuen, hoch über dem Tal liegenden Panoramaweg – weit außerhalb der Gefahrenzone. Auch wenn in diesem Fall nicht zweifelsfrei geklärt werden kann, ob der Bergsturz durch tauenden Permafrost ausgelöst worden ist und die wasserdurchtränkten Sedimente eine Folge der gestiegenen Temperaturen waren – es zweifelt kein Experte daran, dass die Gefahren in den Alpen durch die Klimakrise größer werden. Die Ereignisse am Piz Cengalo zeigen, was an Unheil droht, wenn ein Berg aus dem Gleichgewicht geraten ist.

Ein weiteres blutiges Beispiel ist der Eissturz an der Marmolada (3343 m), dem höchsten Gipfel der Dolomiten, der sich am frühen Nachmittag des 3. Juli 2022, einem Sonntag mit hochsommerlichen Temperaturen, ereignete und elf Bergsteiger in den Tod riss und acht weitere zum Teil schwer verletzte. Bei dem Unglück brach das untere Ende des Gipfelgletschers der Punta Rocca (3309 m), des niedrigeren der beiden Gipfel der Marmolada ab. Die Eis- und Gesteinsmassen stürzten mit einer Geschwindigkeit von bis zu 300 Stundenkilometern über den Nordhang und rauschten auch über die vorbeiführende Normalroute, auf der sich mehrere Seilschaften befanden. Am Tag zuvor war auf der Marmolada mit zehn Grad ein neuer Wärmerekord gemessen worden. Auch bei dem schrecklichen Unglück an der Marmolada ist unstrittig, dass die steigenden Temperaturen den Gletscher instabil gemacht haben. Schmelzwasser war vermutlich über die Gletscherspalten eingedrungen, bis zum Grund des Gletschers vorgestoßen und hatte dadurch den angefrorenen Teil losgelöst. Auch die erfahrene Glaziologin Andrea Fischer geht davon aus, dass immer mehr Gletscher oder Teile von ihnen in unkontrollierte Bewegung geraten, weil sie die Verbindung zum Untergrund verlieren. Sie rutschen also regelrecht weg. Kann man solche Phänomene seriös vorhersagen? »Das ist wahnsinnig schwierig bis unmöglich«, sagt Fischer. Nach dem Marmolada-Unglück definierte sie mit ihrem Team mehrere mögliche Gefahrenstellen in den österreichischen Bergen. »Die Gletscher sind aber alle stabil geblieben.«

Eine immer länger werdende Liste der Bergstürze

Was sie aber beobachtet: Durch die höheren Temperaturen sammle sich in den Gletschern Schmelzwasser, das nicht nur zu plötzlichem Abrutschen führen könne, sondern auch zum Ausbrechen von unterirdischen Gletscherseen. Ihr dringender Rat: Gerade bei hohen Temperaturen im Sommer, wenn es nachts selbst im Hochgebirge nicht mehr gefriert, müssten Bergsteiger sehr vorsichtig sein.

Ein Jahr später, am 11. Juni 2023, katapultierte am Tiroler Fluchthorn (3399 m) im Silvretta-Massiv ein gewaltiger Bergsturz einen Teil des Gipfels in die Tiefe. Etwa eine Million Kubikmeter Gestein brach ab, der Südgipfel ist nun um 19 Meter niedriger. Wie durch ein Wunder kamen keine Menschen zu Schaden. Die wahrscheinlichste Ursache: tauender Permafrost.

In der Sonderausstellung »Zukunft Alpen. Die Klimaerwärmung« des DAV im Alpinen Museum in München sind in einem Ausstellungsraum Bergstürze aufgelistet, beginnend an einer Wand direkt unterhalb an der Decke. Ein Erdrutsch im September 1618 macht den Anfang, schnell ist der Übergang zum 20. Jahrhundert erreicht, und zwar mit dem Bergsturz und der Stauseekatastrophe von Longarone in den Karnischen Alpen am 3. Oktober 1963. Wenige Ereignisse folgen, bis das Jahr 2017 erreicht ist: Bondo. Danach geht es im Stakkato-Stil weiter, und mit einem Murgang in Schwandern, Glarner Alpen, erreicht die Auflistung den Boden. Die Liste knickt ab und führt am Fußboden weiter, aktuell ist die Mitte des Raumes erreicht. Die Ausstellungsmacher haben es mit der besonderen Präsentation geschafft, die Dramatik der Situation erfahrbar zu machen. »Viele der jüngeren Katastrophen sind auf die Folgen der Klimaerwärmung zurückzuführen«, steht auf einer Erklärtafel daneben. Und dass Sensibilität und Berichterstattung für das Thema zugenommen hätten. Längst überfällig, möchte man hinzufügen.

Unten: Am Gipfel der Marmolada; Rechts: Immer wieder kommt es auch in den Dolomiten zu kleineren und großen Bergstürzen und Murabgängen – kein Wunder bei einem extrem schroffen Profil wie am Torre Trieste im Civetta-Massiv.

In der Versuchsanstalt Obernach kümmert man sich ums Alpenwasser. Arnd Hartlieb erklärt Christian Neureuther die Funktion einer Testanlage, mit der Auswirkungen eines geplanten Kraftwerkes an der Landquart (Graubünden) simuliert werden.

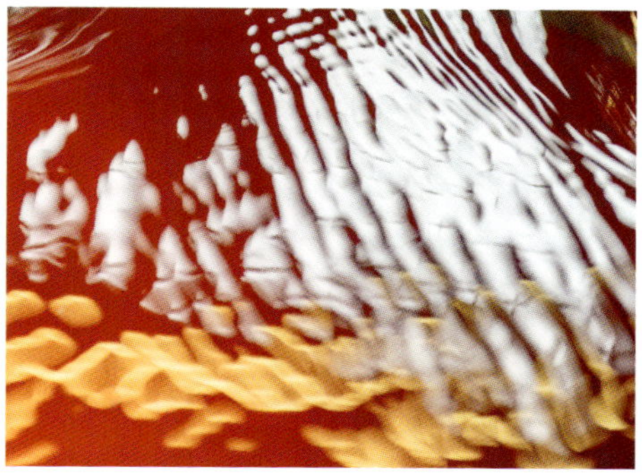

WALLE, WALLE, WASSER FLIESSE!

Die Forscher an der Versuchsanstalt Obernach bauen Modelle und untersuchen, wie man Wasser beherrschbar(er) machen kann.

Arnd Hartlieb kniet auf dem kalten Beton und inspiziert sein Bauwerk. Es ist frisch in der unbeheizten Halle an diesem Morgen im November, doch der Betriebsleiter scheint das nicht zu spüren. Ein Lächeln huscht über sein Gesicht, denn jetzt ist ordentlich was los im Flussbett. Wellen schlagen hoch, das Wasser rauscht über die Flusssohle, der schmale Kanal, in dem Flusswasser abgeleitet wird, füllt sich in rasanter Geschwindigkeit. Es ist an der Zeit, den Ausleitungskanal zu schließen. Er dreht mit der rechten Hand an einer Kurbel, langsam senkt sich ein buchdeckelgroßes Tor und stoppt den Zulauf. »Bei dem hohen Abfluss würde uns sonst alles mit Geschiebe zugeschüttet werden und versanden«, sagt der Chef der Versuchsanstalt Obernach. Die feiert im Jahr 2026 ihr hundertjähriges Bestehen und ist seit mehr als 60 Jahren Teil des Lehrstuhls für Wasserbau der Technischen Universität München. Die Versuchsanstalt liegt unweit des südlichen Walchensee-Ufers.

Was Arnd Hartlieb hier mit einem spitzbübischen Gesichtsausdruck vorführt und für den Laien wie ein lustiges Spiel mit den Elementen aussieht, ist in Wirklichkeit eine ernste Angelegenheit mit hochtechnischem Anspruch. Es geht darum, Wasser und seine unbändige Kraft beherrschbar(er) zu machen und draußen am echten Objekt böse Überraschungen zu vermeiden. Der Untersuchungsgegenstand ist in diesem Falle der Fluss Landquart im Schweizer Kanton Graubünden, der Auftraggeber für die Voruntersuchungen ist das Unternehmen Repower AG, der größte Energieversorger Graubündens. An der Landquart, einem Nebenfluss des Rheins, sol-

Goldene Wanze trifft auf die Schönheit einer violetten Schwertlilie

len später einmal – die Firma geht von fünf Jahren Bauzeit und einem Baubeginn frühestens 2027 für das »Projekt Chlus« aus – Turbinen mit insgesamt 62 Megawatt Leistung installiert und jährlich bis zu 240 Gigawattstunden Strom produziert werden. Das ist auch für das Wasserkraftland Schweiz, das circa 60 Prozent seines Strombedarfs daraus deckt, eine beachtliche Größenordnung.

Nun muss man zudem wissen, dass die Eidgenossen 1991 ein neues Gewässerschutzgesetz verabschiedet haben, das strenge Vorgaben für die Nutzung von Gewässern für die Wasserkraft macht. So darf ein Energieversorgungsunternehmen zum Beispiel nur so viel Wasser ausleiten, dass im natürlichen Fluss das Leben von Pflanzen und Tieren nicht beeinträchtigt wird.

Im Falle der Landquart ist laut Repower ein neuer, 16 Kilometer langer Druckstollen vom bestehenden Kraftwerk Küblis zur Ortschaft Trimmis geplant, wo das bereits turbinierte Wasser erneut zur Stromproduktion verwendet und nicht mehr in die Landquart geleitet wird. »Diese aufgrund der Stollenlänge technisch anspruchsvolle Maßnahme verbessert die Gewässerökologie des Flusses zwischen Küblis und der Rheinmündung, denn dadurch wird die Landquart von Schwall und Sunk befreit«, schreibt die Firma auf ihrer Website und meint damit die vormals starken Schwankungen des Abflusses im Fluss – je nachdem, ob gerade viel oder wenig Wasser durch die Turbinen geschickt wird. »Für die Lebensräume von Pflanzen und Tieren ist das extrem wichtig, auch wenn der Fluss durch die Entnahme für die Stromerzeugung weniger Wasser führt«, sagt Repower-Projektleiter Marco Cortesi. Man rechne sogar damit, dass die bedrohte Seeforelle aus dem Bodensee die Landquart wieder als Laichgewässer besiedele, eben weil sie künftig ein klareres und weniger bewegtes Wasser vorfinden werde.

Flussverlauf im kleinen Maßstab

Ob die Natur in diesem speziellen Falle eines bereits intensiv genutzten Flusses am Ende sogar gewinnt, wird die Zukunft zeigen. Die Wasserbauingenieure in der Versuchsanstalt Obernach jedenfalls haben die verantwortungsvolle Aufgabe, dass das geplante Bauwerk tadellos funktioniert und so den Genehmigungsprozess in der Schweiz erfolgreich durchläuft. Im Wesentlichen untersuchen Arnd Hartlieb und seine Kollegen zwei Fragestellungen: Klappt die Trennung von Wasser und Geschiebe, also Kies und Sand, einwandfrei und funktioniert die ökologische Durchgängigkeit, also können Fische im Fluss ungehindert abwärts- und aufwärtsschwimmen?

Dazu haben sie den betreffenden Flussabschnitt in der 1000 Quadratmeter großen Halle in einem Maßstab von 1:15 aufgebaut. Ein Meter Fluss respektive Ausleitungsbauwerk mit all seinen Details entspricht in natura also 15 Metern. Die Basis für den Versuchsaufbau bildet die technische Grundplanung der von Repower beauftragten Planungsgesellschaft AFRY Schweiz AG, hier in Obernach wird mithilfe von vielen Versuchsreihen feinjustiert. Sonden messen an verschiedenen Punkten die Abflüsse und jeweiligen Wasserstände. »Wir können extrem große Hochwasser simulieren«, erklärt Hartlieb, »bis zu 300 Kubikmeter pro Sekunde in der Natur.«

Stein über Stein. Die Isar in ihrem breiten Geröllbett, darüber die Untere Wettersteinwand. Sie lässt öfters Gesteinsbrocken fallen, die dann im Tal und in dem Fluss landen. Mit ihm wanderten sie früher oft viele Kilometer weit und landeten, zu Sand verrieben, vielleicht sogar im Schwarzen Meer.

Morgenstimmung an der Isar bei Mittenwald

Ein Fluss als Simulation, nachgestellt im Maßstab 1:15, um die Wechselwirkungen zwischen Natur und menschlichen Eingriffen besser zu verstehen. Praxis, von Hand gebaut, statt Theorie

Doch der Teufel steckt im Detail. Denn auch das Geschiebematerial muss maßstäblich sein. »Wir haben eigens Quarzsand in verschiedenen Korngrößen zur Verfügung, die wir dem Modell beigeben«, sagt der Betriebsleiter und zeigt auf diverse Plastikwannen in einer Ecke der Halle. Die Daten, die den Wasserbauern von den Schweizern zur Verfügung gestellt wurden, mussten erst einmal auf ein Fünfzehntel heruntergerechnet werden, um das Modell als korrektes Abbild der wirklichen Gegebenheiten aufbauen zu können. »Wir brauchen ungefähr ein Dreivierteljahr, bis wir ein valides Ergebnis haben«, sagt Hartlieb. In immer neuen Messreihen werden Geschiebetransporte simuliert und Abflüsse gemessen. Ziel ist es dem Betriebsleiter zufolge, dass möglichst wenig Geschiebe in die Ableitung des Flusswassers gelangt, sondern im Fluss weitertransportiert wird. Wenn doch Kies und Sand in das Ableitungsbauwerk gelangen, »müssen wir schauen, wie wir es hydraulisch spülen können und nicht mechanisch entnehmen müssen«, sagt Hartlieb. Die Techniker planen dazu Spülvorgänge ein, und um die zu gewährleisten, müsse das Bauwerk eben optimiert werden.

Vielseitige Modellversuche dank einer großen Versuchsfläche

Arnd Hartlieb – Dreitagebart, kantiges Gesicht, spitze Nase – liebt den technischen Feinschliff. Es ist sein Leben. Vor 30 Jahren hat er hier in Obernach seine Diplomarbeit angefertigt. Er ist der Versuchsanstalt Obernach der TU München treu geblieben – nur ein Jahr verbrachte er an der renommierten Eidgenössischen Technischen Hochschule Zürich. Auch dort gibt es eine Versuchsanstalt für Wasserbau, »aber die haben im Gegensatz zu uns weniger Platz«, sagt der 55-Jährige. Das sei bei Ausschreibungen wie dem »Projekt Chlus« an der Landquart ein Standortvorteil, ist sich Hartlieb sicher. Drei Hallen stehen in Obernach auf dem weitläufigen Gelände, zwei davon mit einer Fläche von 1000 Quadratmetern. Die dritte ist sogar 100 m lang. In dieser können längere Flussabschnitte großmaßstäblich simuliert werden. Während in den Hallen ein geschlossener Wasserkreislauf installiert wurde und das Wasser somit immer wieder genutzt werden kann, können im Außenbereich auch Versuche im Maßstab 1:1 umgesetzt werden. Denn die Versuchsanstalt liegt direkt an der Isarüberleitung vom Stausee in Krün zum Walchensee, aus der große Abflüsse durch das Versuchsgelände geleitet werden können.

Allein seit dem Jahr 2000 wurden in Obernach über 100 Modellversuche durchgeführt, von der Leistungsfähigkeit von Staustufen bis hin zu wissenschaftlichen Projekten wie der »Quantifizierung der Messungenauigkeiten des ADCP-Messverfahrens bei instationärer, ungleichförmiger Strömung«, beauftragt von der Bundesanstalt für Wasserbau. Darunter befanden sich auch zahlreiche Auslandsprojekte. Was kaum einer weiß: Auch die Renaturierung der Isar im Stadtgebiet Münchens, deren Planung und Umsetzung in vielen Großstädten weltweit Beachtung fand, wurde in Obernach in Teilen vorab simuliert. Unter anderem ging es um das Verhalten von Kleiner und Großer Isar, die das Deutsche Museum umfließen, im Falle von Hochwasser. Auftraggeber damals im Jahr 2008 waren das Wasserwirtschaftsamt und die Landeshauptstadt München. Wer heute an der Isar mitten in der Metropole flaniert, kann sich 15 Jahre nach Ende der Bauarbeiten ein Bild davon machen, wie eine moderne Wasserbaumaßnahme einen innerstädtischen Raum aufgewertet hat – für die Natur wie auch für die Menschen.

Ihre Existenz verdankt die Versuchsanstalt Obernach dem Bauingenieur, Elektrotechniker und Wasserkraft-Pionier Oskar von Miller. Er leitete von 1918 bis 1924 den Bau des Walchenseekraftwerks, damals das größte Speicherkraftwerk der Welt, und war zeitlebens schon berühmt – nicht zuletzt als Begründer des Deutschen Museums, dessen Grundstein 1906 Kaiser Wilhelm II. legte. 1924 warb Oskar von Miller in einer Denkschrift für ein wasserbauliches Forschungsinstitut. Zwei Jahre später fand in München die Gründungsversammlung des Vereins Forschungsinstitut für Wasserbau und Wasserkraft e.V. statt, 1929 nimmt

Oben: Rissbachwasser schießt in den Walchensee. Abb. Rechts: Winternacht an Walchensee und Jochberg.

die Versuchsanstalt in Obernach ihren Betrieb auf. Seit 1962 ist sie dem Lehrstuhl für Wasserbau und Wasserwirtschaft der TU München zugeordnet. Zurück zum Modell der Landquart. Inzwischen läuft der Flussabschnitt im »Normalbetrieb«, also mit durchschnittlicher Wasserführung. Klares Wasser strömt in den Ableitungskanal. Ein Rechen mit sehr geringen Stababständen sitzt vor dem Einlauf in den Druckstollen. »Er ist so konstruiert, dass die Anströmgeschwindigkeit gering ist und die Fische entlang des Rechens zu einem Abstiegsbypass geleitet werden«, erklärt Hartlieb. Sie sollen flussabwärts ungehindert weiterschwimmen können. Für die Gegenrichtung, die entscheidend für die ökologische Durchlässigkeit ist, haben die Ingenieure nach den Planungsvorgaben einen Beckenfischpass konstruiert. Der Betriebsleiter schaut gebannt auf das Wasser zwischen den Querriegeln, die in der Mitte einen Durchlass bieten. Es schaukelt sich in den Becken auf, schlägt Wellen. Nicht so geplant und vermutlich nicht gut. »Das müssen die Fischökologen beurteilen, die den Planungsprozess eng begleiten«, sagt Hartlieb. Ein weiteres Puzzlestück auf dem Weg zu einem Bauwerk, das Mensch und Natur gerecht werden soll.

WALD UND WASSER

Der Bergwald, eine stille Größe

Superman Baum – Urwald in den Kalkalpen

Quellen der Freude – die Kärntner Nockberge

Die Seen des Val da Camp (Puschlav) entstanden nach einem postglazialen Bergsturz an der Scima da Saoseo (3263 m). Traumhaft schön: der von Lärchen gesäumte Lagh da Saoseo.

Der Drac, größter Nebenfluss der Isère, durchfließt die malerische Mittelgebirgslandschaft des Trièves. Sein Wasser wird in drei großen Speicherseen zur Stromgewinnung genutzt.

STILLE GRÖSSE

Zackige Grate, steile Felstürme und große Gipfel rauben ihm die Schau. Dabei ist der Wald das bestimmende Element der Alpen. Fast die Hälfte der Berge und Täler sind mit Wäldern überzogen und der Waldanteil wird stetig größer. Durch den Klimastress wird sich seine Zusammensetzung massiv ändern.

Es ist ein weiter Weg hinauf zur ältesten Zirbe Tirols. Seit mehr als 750 Jahren trotzt sie hoch über dem Inntal und der Stadt Hall auf 1880 Metern den extremen Bedingungen an einem steilen Nordhang. Ihre Borke ist aufgeplatzt, der Stamm an einigen Stellen hohl und von Spechtlöchern gesäumt, abgestorbene Äste von der Dicke eines ausgewachsenen Menschen ragen wie Torsi in den Himmel. Flechten haben sich an ihrer Rinde breitgemacht, graugrün hängen sie von ihrer geschundenen Krone und laben sich an den Nebeln, die hier im Ampasser Kessel in den kühlen Morgenstunden wabern. Die Zirbe hat in dem unwegsamen Gelände der Tuxer Alpen zwischen den Gipfeln von Patscherkofel und Glungezer viele geschichtliche Großereignisse überdauert und wuchs noch vor der Gründung der Habsburger Dynastie im Jahre 1273 als Sprössling heran. Vor genau 100 Jahren wurde der Baum zum Naturdenkmal erklärt und unter Schutz gestellt.

Wenn man so will, dann hat die uralte Zirbelkiefer im Laufe ihres Daseins eine große Portion Glück gehabt. Glück, dass sie nicht von einer Lawine mitgerissen wurde und dass ihr kein Blitzschlag den Garaus gemacht hat. Ihr langes Leben verdankt sie aber vor allem der Tatsache, dass sie in einem schwer zugänglichen Gebiet liegt, das für den Holzeinschlag nicht rentabel war. So wurde sie zum Methusalem eines gut 25 Hektar großen Naturwaldes, der sich über die Jahrhunderte gerettet hat. Der Tourismusverband Hall-Wattens hat am Glungezer einen Panoramaweg angelegt, der mitten durch einen der größten Zirbenwälder Europas führt. Man wandert auf einer Höhe von 2000 Metern entlang der Wald-

Im innersten Ultental, bei St. Gertraud, stehen die berühmten Ultner Urlärchen. Der älteste Baum blickt auf ein 850 Jahre langes Leben zurück – und er steht immer noch.

Nach einer kalten Nacht entstehen winzige Eiszapfen an lindgrünen Flechten.

grenze, der Baumbestand ist licht und offen. Im Frühsommer beginnt ein Meer von Almrosen zu blühen. Mit dem Duft der Zirben in der Nase und dem hellen Rot der Rhododendren im Blickfeld lässt sich hier Kraft tanken.

Es gibt in den Alpen nur noch einige wenige Areale, welche wie der Ampasser Kessel die Zeit weitgehend unbeschadet überdauert haben. Dazu zählen beispielsweise die drei Urlärchen im Ultental, die am Rande eines Lawinenschutzwaldes der Ortschaft St. Gertraud stehen und 850 Jahre alt sind. Die größte misst 36,5 Meter Höhe, die dickste hat einen Stammumfang von fast achteinhalb Metern. Sie wurden 1979 unter Schutz gestellt und zählen inzwischen zum Weltnaturerbe der UNESCO.

Geschichtliches zum alpinen Bergwald

Bis zur Mitte des 19. Jahrhunderts dienten die alpinen Wälder hauptsächlich als Holzlieferant für den Erz- und Salzbergbau, zudem wurde Bau- und Brennholz im großen Stil vermarktet. Oft wurden große Areale als Waldweide übernutzt. Infolgedessen ging immer mehr Waldfläche verloren. Mitte des 19. Jahrhunderts reagierten

Nach regenarmen Sommern sinkt der Spiegel des Lago da Val Viola stark ab, die kleinen Tümpel im Val da Camp fallen sogar trocken.

einzelne Nationalstaaten und setzten strenge Regelungen in Kraft, wie etwa Österreich mit dem Forstgesetz von 1854. Nachhaltigeres Wirtschaften mit dem Wald war das Ziel. Die Fichte als schnell nachwachsender Rohstofflieferant setzte sich mehr und mehr durch. Hätte der Mensch nicht eingegriffen, dann wäre wohl die Buche der bestimmende Baum im Alpenraum. Vor gut 6000 Jahren bedeckte die robuste Baumart noch circa 40 Prozent des europäischen Kontinents. Im Nationalpark Kalkalpen und im benachbarten Wildnisgebiet Dürrenstein sind Reste von Buchenurwäldern erhalten geblieben (siehe Interview S. 156). Heute ist knapp die Hälfte des Alpenraumes bewaldet, das bedeutet 87 000 Quadratkilometer und damit mehr als die Fläche Österreichs. Zwei Drittel des Waldbestandes sind Nadelbäume. Die Fichte ist mit 49,5 Prozent die mit Abstand häufigste Baumart, gefolgt von der Buche mit knapp 13 Prozent und der Tanne mit etwa zehn Prozent. Waldkiefer und Bergkiefer kommen auf etwa vier Prozent, der Anteil der Lärche macht alpenweit etwas mehr als drei Prozent aus, Eichen rund zwei Prozent.

Jedes Jahr werden am Steirischen Erzberg rund 12 Millionen Tonnen des eisenhaltigen Gesteins gefördert.

Zeitenwende in der Almwirtschaft

Der Alpenwald steht vor zwei großen Zäsuren. Einerseits dehnt er sich immer weiter aus, eine direkte Folge der schwindenden Almwirtschaft. Seit Ende der 1950er-Jahre geht die Zahl der von Landwirtschaft lebenden Bevölkerung in Europa generell zurück. Viele Kleinbetriebe haben aufgegeben und der Konzentrationsprozess hin zu immer größeren, industriell arbeitenden Betrieben setzt sich fort. Da in den Bergen die Landwirtschaft traditionell kleinstrukturiert ist, hören in den Alpen viele Bergbauern auf – die Betriebe sind trotz Subventionen kaum rentabel. Aktuell leben nur noch circa vier Prozent der Menschen in den Alpen von der Landwirtschaft. Wenn man bedenkt, dass seit 5000 Jahren die Almwirtschaft die prägende Wirtschaftsform in den Alpen ist, dann kommt die Entwicklung einer Zeitenwende gleich.

Wo keine Rinder und Schafe mehr weiden und Landwirte aufkommendes Buschwerk roden, kehrt der Wald zurück. Besonders stark ist dieser Prozess in Deutschland, Italien und Slowenien zu beobachten. Etwa 25 Prozent des gesamten Alpenraums werden landwirtschaftlich genutzt, 80 Prozent davon als Grünland. Das sind 40 000 Quadratkilometer oder umgerechnet vier Millionen Hektar. Gleichzeitig steigt die Waldgrenze durch den Klimawandel kontinuierlich an, Wissenschaftler gehen von bis zu 300 Höhenmetern bis zum Ende des Jahrhunderts aus. Auch ohne den Strukturwandel im Bergbauerntum gibt es seit Mitte des 19. Jahrhunderts, als die ersten Prinzipien der Nachhaltigkeit eingeführt wurden, einen Zuwachs an Biomasse in Form von Holz. Schätzungen zufolge liegt der jährliche Zuwachs

Im innersten Krottenbachtal, unweit vom Schafreiter, stürzt das Wasser des Delpsees über einen senkrechten Felsabbruch herab.

bei 55 Millionen Kubikmeter, der Einschlag beträgt zwischen 25 und 30 Millionen Kubikmetern. Der Bergwald stellt also eine gewichtige und wachsende Kohlenstoffsenke dar. Allein der österreichische Wald legt laut Professor Hubert Hasenauer von der Universität für Bodenkultur Wien jährlich um 32 Millionen Kubikmeter zu und speichert in seiner Gesamtheit etwa eine Milliarde Tonnen Kohlenstoff.

Neue Arten braucht der Wald

Die zweite Zäsur ist vermutlich noch gravierender. Die steigenden Temperaturen, längeren Trockenphasen sowie schwereren Stürme und heftigeren Niederschläge setzen besonders den Fichtenmonokulturen zu. Als Flachwurzler sind sie windanfälliger, zudem verträgt die Fichte den Hitzestress weniger gut und wird anfällig für Schädlinge wie den Borkenkäfer. Auch die Kiefer wird es in den inneralpinen Trockentälern schwer haben. Pro Jahr wachsen an dem immergrünen Baum nur ein Fünftel der Nadeln nach. Verliert sie aufgrund trockener Sommer zu viel Nadeln, kommt sie in die Bredouille, erklärt Dr. Thomas Wohlgemuth von der Eidgenössischen Forschungsanstalt für Wald, Schnee und Landschaft (WSL). Das WSL-Institut erprobt daher seit Jahren auch fremde Baumarten wie die Douglasie oder die Atlaszeder in Freilandversuchen. Die Wissenschaftler sind sich grenzüberschreitend einig, dass sich der Wald in den Alpen fundamental verändern wird. Hubert Hasenauer: »Die nordwestamerikanische Douglasie ist trockenresistent und gilt als eine der aussichtsreichsten Alternativbaumarten in West- und Mitteleuropa. An anderen Baumarten wie etwa der Libanon-Kiefer, der Roteiche, aber auch an trockenresistenten Tannenarten aus der Türkei wird geforscht. Wir können also davon ausgehen, dass der zukünftige österreichische Wald, insbesondere in den Tieflagen, anders als heute aussehen wird.«

Österreichs älteste Zirbe am Glungezer wird all dies kaum anfechten. Sie hat schon genug Krisen überstanden.

Was für eine Kraft steckt in diesen Bäumen! Zirben überstehen arktische Temperaturen bis -45°C. Zusammen mit der Lärche bildet sie vielerorts die Baumwuchs-Obergrenze (max. 2800 m).

Der Große Bach entwässert weite Teile des Reichraminger Hintergebirges.

SUPERMAN BAUM

Eigentlich waren im Hintergebirge in Oberösterreich ein Kanonenschießplatz und später ein Speicherkraftwerk geplant. Franz Sieghartsleitner hat das mit verhindert und stattdessen den Nationalpark Kalkalpen initiiert. Heute ist der Jurist Experte für das Schutzgebiet, das Urwaldareale und die ältesten Buchen der Alpen beherbergt.

Was ist das Besondere am 1997 ausgerufenen Nationalpark Kalkalpen?
Es ist der Wald-Nationalpark in den Alpen mit über 80 Prozent Waldbedeckung. Und der Wald reicht bis auf 300 Meter über Meereshöhe herunter. Das ist einzigartig in den Alpen. So ein Wald-Nationalpark ist die teuerste Form des Naturschutzes.

Warum?
Hier im Reichraminger Hintergebirge waren die Forststraßen schon gebaut, die wirtschaftliche Nutzung wäre jederzeit möglich gewesen. Es war zudem ein beliebtes Jagdgebiet, das verpachtet war. Trotzdem ist es damals in den 1990er-Jahren gelungen, einen Nationalpark zu schaffen und damit auf Einnahmen zu verzichten. Das wäre heute in Österreich in dieser Form undenkbar.

Wie würden die Alpen heute aussehen, hätte der Mensch nicht in die Natur eingegriffen?
Es gäbe Urwälder von den Tallagen bis hinauf zur Waldgrenze. Dieser Wald hätte sehr viele Gesichter. Wenn man die Natur arbeiten lässt, entwickeln sich genau die Pflanzen- und Baumexperten, die an der betreffenden Stelle am besten gedeihen können. Es ist ein fundamentaler Unterschied, ob ein Baum auf 600 oder 1600 Meter Höhe wächst, ob es die Nordseite oder Südseite ist, ob viel oder weniger Wasser verfügbar ist, wie die Hangneigung ist, die Bodenbeschaffenheit und das Nährstoffangebot. Wir hätten also viele

verschiedene Urwälder unterschiedlicher Waldtypen. Von Auwäldern angefangen, über reine Buchenwälder, Fichten-Tannen-Buchen-Urwäldern bis hin zu subalpinen Lärchenwäldern.

Davon gibt es heute leider nur noch Relikte.

Der Wald, den wir heute kennen, ist das Ergebnis einer jahrhundertelangen Bewirtschaftung. Der Mensch hat die Bäume gepflanzt, die er am leichtesten ernten konnte. Den stärksten Holzzuwachs garantierte die Fichte. Sie ist überall in Österreich, Deutschland und ganz Mitteleuropa forciert worden. Es ist ein völlig veränderter Wald, nicht nur, was die Baumarten betrifft.

Sondern?

Die Netzwerke im Wald wären ohne den Eingriff des Menschen ungestört. Das Myzel im Boden, die Pilzverflechtungen, wären intakt und auch die Pflanzensippen. In einem Buchenwald zum Beispiel existiert eine spezifische Pflanzengesellschaft, dazu kommt eine eigene Ausstattung mit Insekten, Tieren und Vögeln.

Im Nationalpark Kalkalpen sind Teile noch Urwälder. Was zeichnet sie aus?

Ein Beispiel: In Mitteleuropa müsste es eigentlich 140 verschiedene Urwaldreliktkäfer geben, viele sind inzwischen ausgestorben. Im Nationalpark konnten wir bislang 42 bestimmen. Das ist die zweithöchste Anzahl nach den Waldkarpaten – und das auf unserer recht kleinen Fläche von 20 800 Hektar. Einfach gigantisch! Wenn man solche Urwaldreliktkäfer findet, dann ist man in einem Urwald oder zumindest sehr naturnahen Waldbestand. Manche dieser Käfer leben in speziellen Baumpilzen, die nur auf Bäumen wachsen, die mindestens 300 Jahre alt sind und einen entsprechenden Umfang haben.

Franz Sieghartsleitner gehörte zu den Initiatoren des Nationalparks Kalkalpen. Er kümmert sich auch heute noch intensiv um das Schutzgebiet.

Wie konnten sich Urwälder hier im Sengsengebirge und im Reichraminger Hintergebirge über die Zeit retten?
Unsere Landschaft ist geprägt von sehr steilen Schluchten. Im Mittelalter wurde mithilfe von Klausen, also künstlichen Stauvorrichtungen, versucht, das Holz zu den Hammerwerken zu triften. Es war – zu Holzkohle gebrannt – der einzige Energielieferant für die zahllosen Eisenschmieden. In den Gegenden, in denen es zu steil war und zudem wenig Wasser verfügbar, war der Holzeinschlag nicht rentabel. So haben sich kleine Urwaldareale erhalten. Im Sengsengebirge wiederum gab es mit der Gräfin Anna von Lamberg Ende des 19. Jahrhunderts eine frühe Naturschützerin. Sie setzte sich dafür ein, dass 3000 Hektar Urwald nicht für die Eisenwirtschaft geopfert wurden. In der Folgezeit schrumpfte das Areal dennoch auf nur noch 60 Hektar. Diese blieben zum Glück unangetastet. Genau dort stehen heute die ältesten Buchen der Alpen.

Links: Ein toter Baum? Nein. Umgestürzt und entwurzelt, ja, aber immer noch Lebensraum von Tausenden Kleinstlebewesen, Flechten und Moosen.
Oben: Die Natur ist zurück – Idylle am Großen Bach.

450 Jahre alte Buchen, 1000-jährige Eichen – wie wichtig sind solche Methusalems für die Waldökologie?
Alte Bäume werden in ihrer Wertigkeit leider unterschätzt. Dabei ist ein alter Baum für mich unersetzbar. Die jüngsten Forschungsergebnisse verschiedener deutscher und österreichischer Forschungseinrichtungen zeigen: Ein 20 bis 25 Meter hoher Laubbaum mit einem Kronendurchmesser von 12 bis 16 Metern hat zwischen 500 000 und 700 000 Blätter. Dieser eine Baum erzeugt durch Photosynthese den Jahressauerstoff von circa 12 bis 14 Erwachsenen. Pro Jahr filtert er etwa 36 000 Kubikmeter Luft – darin sind Pilzsporen, Feinstaub, Mikroplastik und andere schädliche Stoffe. Sie bleiben an den Blättern hängen, und im Herbst wirft der Baum sein Laub ab. Im Boden wird das meiste davon verarbeitet.

Wie sieht es mit seiner Klimafunktion aus?
Im Sommer verdunstet der große, alte Baum circa 400 Liter Wasser pro Tag. Was schätzen Sie: Wenn man die Buche, den Ahorn oder die Linde fällt, wie viele junge Bäume mit einem Kronendurchmesser von einem Meter müsste man setzen, um diese ganzen Leistungen zu kompensieren?

Ich schätze weit über 100?
2000. Es geht leider sehr schnell mit dem Umhauen alter Bäume für ein Bauvorhaben. Dann setzt man halt einen Ersatzbaum und denkt nicht weiter darüber nach. Dabei geht unglaublich viel verloren. Eine junge Buche beispielsweise hat einen glatten, silbrig-grauen Stamm. Alte Buchen haben eine komplett zerrissene Borke, sind schuppig und besiedelt von 100 bis 200 unterschiedlichen Flechtenarten und verschiedensten Moosen. In einem einzigen Moospolster, so groß wie eine Handfläche, finden sich bis zu 130 000 Bärtierchen, 3000 Springschwänze, 400 Milben und 200 Fliegenlarven. Die 90 Quadratmeter Oberfläche von so einem alten Baum sind also Lebensraum für unzählige Arten.

Der Klimawandel bedingt höhere Durchschnittstemperaturen, längere Trockenphasen und auf der anderen Seite mehr Starkregen. Kann der Wald die Menschen in den Alpen besser schützen als waldfreie Flächen?
Auf alle Fälle. Die Schutzfunktion des Waldes ist unumstritten. Sie muss laut Forstgesetz erhalten werden. Ein gesunder Wald schützt vor Lawinenabgängen, vor Muren und Steinschlag. Man sieht bei einem Baum nur die Hälfte, 50 Prozent der Biomasse befindet sich im Boden. Eine Tanne kann ihre Wurzeln bis zu 32 Meter tief in den Boden krallen. Solche Bäume stabilisieren die Berghänge. Eine Fichtenmonokultur erfüllt diese Schutzfunktion schlechter, Sturm und Borkenkäfer schwächen solch einen Bergwald. Lawinen und Muren donnern dann bis ins Tal.

Wenn man einen Fichtenwald umbauen will, wie geht man dabei vor?
In Zeiten von mehr Stürmen, Trockenheit und Starkregen schlagen sich die Waldgemeinschaften am besten, die eine Vielzahl unterschiedlicher Baumarten beherbergen. Daraus resultiert eine höhere Resilienz, das ist wissenschaftlich belegt.

Dreiviertel des Nationalparks Kalkalpen werden sich selbst überlassen. Wie gestaltet sich der Wald im Hitzestress um?
Wir stellen fest, dass die Buchen, aber auch die Fichten ihre klimafitten Nachkommen selbst züchten. Das Baumblühen ist seit ein paar Jahren rekordverdächtig. Früher hieß es, Fichten würden nur alle sieben Jahre blühen. Inzwischen blühen alle Baumarten jedes Jahr aus vollen Kräften. Die Bäume spüren den Stress und reagieren mit Maximalvermehrung, damit aus vielen unter-

Abenteuer pur: ein Abstecher zur Goldlochquelle. Kein Weg weit und breit, der einzige Zugang verläuft durch eine wilde Klamm – brusttief im Wasser.

Vor dem Bau der Waldbahn (1920) wurde das geschlagene Fichtenholz auf dem Wasserweg nach Reichraming transportiert, einige Jahrzehnte später auf der Straße. An die Zeit der Trift erinnert der Steig am Großen Bach.

schiedlichen Keimlingen einige herauskommen, die diese neue Trockenheit besser aushalten. Erfreulich ist zudem, dass der Südföhn viele Pollen von hitzeresistenteren Bäumen aus Slowenien und Italien über die Alpen bis zu uns herträgt. Die Natur macht von sich aus das Richtige. Man darf ihr das getrost überlassen.

Wie ist es im Nationalpark in den drei Jahrzehnten seit seiner Gründung gelaufen?

Der Wald ändert sich permanent. Wir hatten große Stürme, wir hatten den Borkenkäfer. Innerhalb von 30 Jahren hat die Natur reagiert. Es gibt inzwischen sieben Prozent weniger Fichten im Nationalpark, an ihre Stelle rückten Buchen, Bergahorn und Lärchen. Langsam und nachhaltig wird die Baumartenzusammensetzung natürlicher. Das Verwildern macht den Nationalparkwald damit widerstandsfähiger. Wir müssen allerdings die Problematik Wald-Wild im Griff haben.

Sie meinen den Verbiss durch zu viel Schalenwild?

Exakt. Tannen und Edellaubbäume werden am liebsten verbissen. Wir sind froh um den Luchs, auch Wölfe sind willkommen. Im Nationalpark wird auf 16 000 Hektar nicht mehr gejagt, wir brauchen also die natürliche Dezimierung des Wildbestands, damit der Jungwald aufkommen kann. Die österreichischen Bundesforste haben das längst erkannt und regulieren auf ihrem Gebiet den Wildstand. Man hat auch keine große Freude mehr an intensiven Rotwild-Fütterungen wie in den 1970er- und 80er-Jahren. Damals ging es in erster Linie um viele Abschüsse und starke Trophäen.

In der Schweiz forschen Wissenschaftler zu alternativen, hitzeresistenteren Baumarten, wie zum Beispiel der Douglasie. Was denken Sie darüber?
Wenn man hier und da eingreift und beispielsweise eine Douglasie einsetzt, weil man glaubt, die hält die Hitze besser aus, gebe ich zu bedenken: Die Douglasie wird bei uns nur von drei Pilzarten unterstützt. Das Pilzgeflecht ummantelt die feinen Haarwurzeln eines Baumes und liefert dem Baum Nährsalze, Phosphat, Stickstoff und Wasser. Der Baum versorgt den Pilz seinerseits mit Zucker aus seiner Photosynthese. Wenn ein Baum von vielen Mykorrhizen unterstützt wird, wächst der Baum wesentlich besser und ist vitaler.

Der Wald als Wasserspeicher: Wird dies in Zukunft mehr Bedeutung bekommen?
Der Wind vom Atlantik bringt viel feuchte Luft in die Alpen. Beim Aufsteigen der Luft regnen sich die Wolken ab. Im langjährigen Durchschnitt haben wir im Nationalpark 1500 bis 1800 Millimeter Niederschlag pro Quadratmeter. Wir brauchen einen Vergleich mit Regenwaldgebieten in Äquatornähe nicht zu scheuen. Wie schon gesagt, ein ausgewachsener Baum verdunstet im Sommer 200 bis 400 Liter Wasser am Tag. Große Wälder wirken wie eine riesige Wasserpumpe und tragen zur globalen Wolkenzirkulation bei. Wir brauchen also einen gesunden Wald, damit das Wasser weiter in den europäischen Kontinent hineintransportiert wird. Ein Wald speichert, wenn der Boden tiefgründig ist, ungefähr 200 Liter Wasser pro Quadratmeter. Der Wald ist als Wasserspeicher und -filter von entscheidender Bedeutung.

Die Baumgrenze wandert allmählich nach oben. Ist das eine gute Nachricht?
Generell ist es eine sehr gute Nachricht, wenn der Wald wächst. Denn er ist eine wirksame Kohlenstoffsenke und kann dem Klimawandel ein wenig entgegenwirken. Es gibt aber auch Verlierer.

Die da wären?
Einige Pflanzen-, Tier- und Insektenarten werden durch das Höhersteigen der Waldgrenze bei uns nicht überleben. Das Alpenschneehuhn ist bei uns heimisch, weil es die Eiszeiten gegeben hat. In den Hochlagen des Sengsengebirges ist es noch zu finden. Wir haben in Modellen berechnet, dass die Baumgrenze um mindestens 300 Meter steigen wird. Dann werden Latschengehölze die alpinen Grasmatten, die die Schneehühner zum Leben brauchen, komplett überwuchert haben.

Wie steht es angesichts des Klimawandels um die Artenvielfalt?
Es bleibt kein Stein auf dem anderen. Ein gewaltiger Prozess ist schon im Gang, und es wird viele Verlierer und nur wenige Gewinner geben. Im Nationalpark stellten wir 2024 fest, dass Amphibien sehr leiden, weil wir kaum Schneeschmelze hatten und dadurch viele Tümpel ausgetrocknet sind. Grasfrösche, Alpensalamander, Erdkröten tun sich schwer, Laichgewässer zu finden.

Die Gewässer werden insgesamt wärmer, was hat das für Konsequenzen?
Wärmere Fließgewässer setzen Fische unter Stress, manche Arten brauchen sehr kaltes Wasser zum Laichen. Noch gravierender ist die Situation in den Quellen, die eine eigene Fauna besitzen. Es gibt endemische Schneckenarten, die in wärmerem Wasser einfach absterben werden.

Keine guten Aussichten.
Das Gebot der Stunde lautet: Wir brauchen dringend Naturraumkorridore, und zwar schnell. Denn nur so kann es gelingen, dass Arten klimabedingt in höhere Lagen oder nach Norden wandern können. Sonst sterben sie einfach an der Nationalparkgrenze aus. Bei uns hier geht es um Korridore zum Nationalpark Gesäuse, zum Toten Gebirge. Das muss die vordringlichste Aufgabe des Naturschutzes für die nächsten Jahre sein. Nur so schaffen wir auch den Austausch der Gene, der für die Zukunft der Arten entscheidend sein wird.

Der gewaltige Höhenrücken der Millstätter Alpe ist viel mehr als ein Aussichtsberg mit Fernsicht bis zu den Hohen Tauern. In seinem Bauch lagern riesige Magnesit-Vorkommen, die seit 1904 abgebaut werden, dazu weist er das alpenweit größte Vorkommen von Granaten auf. Der Volksmund nennt diese »Blutstropfen der Nockberge«.

Sarah und Florian erleben Bergwasser hautnah und in seiner schönsten Form auf dem Millstätter Schluchtweg durch die wilde Klamm des Riegerbachs an der Südflanke der Millstätter Alpe.

QUELLEN DER FREUDE: DIE NOCKBERGE

Kämme, die weiter sind als anderswo, Quellen, die klarer sind als irgendwo sonst. So ganz anders als benachbarte Bergregionen. Weder extrem hoch, noch besonders spektakulär. Und dennoch: Die Kärntner Nockberge sind allein schon wegen ihrer Formenvielfalt einzigartig.

Kein Trinkwasser. Diese mahnenden Worte auf unzähligen Schildern hat Sarah auf etlichen Wanderungen in den Alpen gelesen – außer in den Nockbergen. In den Waschräumen von Hütten, am Brunnen vor der Alm und in den Toiletten von Seilbahnstationen – außer in den Nockbergen. Andernorts stellt sie sich anschließend jedes Mal wieder die zwei gleichen Fragen: Will der Hüttenwirt einfach nur mehr Umsatz mit seinen Getränken machen oder ist dies die traurige Auswirkung einer von Normen, Verboten und Kontrollen verängstigten Gesellschaft?

»Nock« heißt einfach nur »Kuppe«. Und davon gibt es in den Nockbergen, die sich über die drei Bundesländer Kärnten, Salzburg und Steiermark erstrecken, mehr als genug. Teile dieser schier endlos weiten und sanften Rücken erinnern durchaus an die Hochflächen Tibets oder der Mongolei. Vor allem im Herbst, wenn die riesigen Grasflächen goldbraun in der tief stehenden Sonne leuchten. Aber gerade im Spätsommer und Herbst würde man in dieser am Südhang der Ostalpen gelegenen Region eher Trockenheit und damit verbunden eine Wasserknappheit vermuten. Jedoch Fehlanzeige. Direkt über Millstatt zum Beispiel, am südlichen Rand der Nockberge, zieht ein steiles, sich nach oben wunderschön öffnendes Tal hinauf zum Kamplnock. In zahlreichen Mulden, an vielen Hängen, überall sprudelt kristallklares und bestes Bergwasser aus vielen, vielen Quellen. Und genau dieses Wasser fließt zuletzt über den Riegenbach

Oben: Schmeckt prima, das Mineralwasser des Riegerbachs an der Millstätter Alpe.
Unten: Das besondere Wasser wird im Apo-Betrieb der Brüder Unterlerchner abgefüllt und mit Äpfeln aus Kärnten veredelt. Rechts: der Millstätter See (588 m), 11,5 Kilometer lang und fast zwei Kilometer breit

hinunter in den Millstättersee und beschert ihm dadurch »Trinkwasserqualität«.

Am späten Nachmittag, kurz vor ihrem Start zum Kamplnock, füllt Sarah heute bereits zum dritten Mal ihre Trinkflasche am Brunnen der Millstätter Hütte. Neben ihr steht ein sichtlich zufriedener Hüttenwirt. Es ist der erste Sommer von Andi Brandstädter als Wirt auf der 1876 Meter hoch gelegenen Hütte. Schon als kleiner Bub wanderte er mit seinen Eltern hier hoch. Seit fast 30 Jahren kennt er die weitläufige Landschaft der Nockberge und ihre Quellen. Natürlich gab es damals an heißen Sommertagen auch mal eine Limonade auf der Hüttenterrasse, aber wenn der Durst so richtig quälte, ging es zu einer der vielen Quellen im Umfeld der Hütte. Deshalb freut er sich auch heute, in seiner neuen Rolle als Wirt, wenn all die Wanderer und Mountainbiker, die täglich hier vorbeikommen, die Frische und Qualität des Quellwassers erkennen und schätzen.

Bewusstsein für den Biosphärenpark

Blickt man im Frühsommer in den weiten, nach Süden exponierten Kessel zwischen Alexanderhütte und Kamplnock, fällt auf, dass es an einigen Stellen bereits deutlich »grüner« ist als anderswo. Es sind die gut ein Dutzend Quellen, die hier für mehr Feuchtigkeit und damit für eine üppigere und etwas früher beginnende Vegetation sorgen. Auf Sarahs Frage, ob hier oben in trockenen Sommern schon mal das Wasser knapp wurde, antwortet Andi nur: »So gut wie nie, die Quellen sprudeln so zuverlässig wie ein Uhrwerk.«

Tief ist ihr Schlaf nach den intensiven Stunden am Vorabend oben am Kamplnock. Eingemummelt in eine kuschelige Daunendecke nimmt Sarah das Prasseln des nächtlichen Regens nur am Rande wahr. Mit Beginn der Dämmerung gewinnt der Föhn wieder an Kraft und es zeigen sich erste blaue Löcher zwischen dramatischen Wolken. An einem der Holztische vor der Hütte trinken gerade der Ranger Florian Neuschitzer vom Biosphärenpark Nockberge und Andi Brandstädter den ersten Kaffee des Tages. Mit einem Strahlen im Gesicht erzählt Florian von seiner Arbeit als Ranger und dem Bildungsprogramm des Parks. An 19 Partnerschulen haben sie mittlerweile mehr als 13 000 Kinder mit in die Pflanzenwelt, die Geologie und die Tierwelt der Nockberge genommen. Er sagt: »Alle werden wir nie erreichen oder gar begeistern, aber jedes einzelne Kind, das am Abend den Eltern voller Freude vom Ausflug in die Nockberge erzählt, war all die Vorbereitungen und jeden Aufwand wert.«

Hochwertiges Trinkwasser

Am Vormittag wird der Föhn nochmals stärker. Ein kräftiger Wind weht über endlose Blumenwiesen. Sarah und Florian steigen munter ratschend den Millstätter Schluchtweg ab. Der schmale Steig schlängelt sich an steilen Hängen entlang, vorbei an kristallklaren Gumpen, kleinen und großen Wasserfällen und viel naturbelassenem Wald. An ein paar felsigen Passagen hilft ein Stahlseil. Immer wieder speisen seitlich kleine Quellen den Riegenbach. Florian erzählt vom Konzept des Parks, das, anders als in Nationalparks, die Almwirtschaft weiter ermöglicht und sogar fördert. Zeit für Gedanken, Fragen und Informationen bleibt genug, sind es doch von der Hütte rund 1200 Höhenmeter bis hinunter nach Millstatt. Für die Menschen, die hier leben, ist die Qualität ihres Trinkwassers ein Geschenk. Für viele Firmen, wie zum Beispiel Apo Fruchtsäfte, ist das hochwertige Wasser ein Teil ihres Erfolgs.

Als Sarah und Florian die zwei größten Wasserfälle am Weg, den Rautfeldfall und den Herzogfall, passieren, wird es still zwischen den beiden: zu eindrucksvoll ist die Natur und zu kraftvoll das Rauschen des Bergwassers.

Beide haben am Ende des Tages ihre Antwort auf die große Frage nach dem »Trinkwasser« gefunden: Es ist hier am und über dem Millstättersee nicht nur »trinkbar«, sondern sogar ausgesprochen gut.

Hoch am Berg, in herrlicher Aussichtslage: die Millstätter Hütte (1876 m) vor dem Kamplnock

Abendstimmung auf dem Kamplnock (2101 m), dem höchsten Punkt der Millstätter Alpe. In der Tiefe der Millstätter See, am Horizont die schneebedeckten Julischen Alpen

KRAFTQUELLEN

Das Laufwunder vom Walchensee

Das Megaprojekt im Tiroler Längental

Das Tal der Unbeugsamen

Giganten aus Beton

Frisch verschneit: der Herzogstand, Kulissenberg des Kochelsees

Dieses Isarwasser speist insgesamt
26 Laufwasserkraftwerke bis zur Donau.

DAS LAUFWUNDER

Das Walchenseekraftwerk läuft und läuft und läuft. Seit 1924. Es springt immer dann an, wenn im Netz schnell Strom gebraucht wird. Mit der Energiewende kommt ihm eine neue ausgleichende Funktion zu, denn sein Wasser ist im Gegensatz zu Wind und Sonne ständig verfügbar. Die Geschichte eines Erfolgsmodells.

In der Maschinenhalle herrscht eine fast gespenstische Stille. Der Spender vor dem Eingang, der wie ein Kaugummiautomat aussieht und kostenlos Ohrstöpsel ausgibt, darf gerade eine Pause machen. Eigentlich müsste man gleich gegen den Lärm der Turbinen anschreien, würde ein tiefes Brummen hören und eine sanfte Vibration an den Füßen spüren. Doch weil heute Taucher den Ablauf des Kraftwerks in den Kochelsee reinigen, stehen die Maschinen still.

Das Herz des Kraftwerks hat für ein paar Stunden zu schlagen aufgehört. Doch anders als beim Menschen kann es jederzeit wiederbelebt werden – und zwar innerhalb weniger Minuten. Der Raum mit seinen schlanken Fenstern und Kapitellen gleicht einer Kathedrale und lässt einen erst einmal in Ehrfurcht verharren. Auf dem Architrav ist quer über die Halle ein fahrbarer Portalkran angebracht, eine monströse Stahlkonstruktion, die bis zu 75 Tonnen Last durch die Halle schweben lassen kann. Durch die fast deckenhohen Sprossenfenster strömt Tageslicht herein. 105 Meter ist die Halle lang, 22 Meter breit und gut 10 Meter hoch. Und wer sich in die Pläne des historischen Bauwerks vertieft, erfährt, dass sich die Sohle des Fundaments 15 Meter unter der Geländeoberkante befindet und der Dachfirst 25 Meter darüber.

Kein Zweifel: Das Gebäude ist ein architektonisches Statement und weit mehr als nur eine Maschinenhalle. Ein Glaubensbekenntnis an die Technik. 1983 wurde das Walchenseekraftwerk zum geschützten Industriedenkmal erklärt, doch der Betrieb darf ungestört weiterlaufen.

Zum Hundertjährigen des Walchenseekraftwerks wurde die epochale Anlage beleuchtet – natürlich durch eigenen Strom. Mit ihrer Eröffnung am 26. Januar 1924 startete in Bayern ein neues Zeitalter.

Das erste Staunen weicht dem Gefühl, in einem Museum zu stehen. Acht riesige, schneckenhausförmige Ungetüme stehen hintereinander aufgereiht, jeweils verbunden mit nicht minder beeindruckenden Stahlkolossen in U-Form. Auch der Laie versteht schnell, dass diese Maschinensätze aus Turbine und Generator Höchstarbeit leisten, wenn das Wasser aus dem Wasserschloss am Hang hinter dem Walchenseekraftwerk mit der Energie von 200 Metern Fallhöhe durch die sechs Rohre gen Tal rauscht. Der olivgrüne Anstrich der Generator-Halbschalen ist über die Jahrzehnte ausgebleicht. Man sieht den rot gestrichenen Verstellrädern an, dass hier oft Hand angelegt wurde.

100 Jahre funktionierende Technik

Alle acht sind Original-Markenzeichen aus dem Jahr 1924, als die Maschinen installiert wurden. Bis heute produziert das Walchenseekraftwerk zwei verschiedene Arten von Strom, einen für das öffentliche Netz mit 50 Hertz und – exklusiv für die Deutsche Bahn AG – einen mit 16,7 Hertz.

Theodoros Reumschüssel bleibt an einem Einlaufrohr von der Dicke eines Baumstammes stehen und blickt auf die Muttern, die um die zehn Zentimeter Durchmesser haben. »Das Allermeiste ist hier 100 Jahre alt. An der Schraube hat bestimmt schon die erste Belegschaft des Walchenseekraftwerks gedreht«, sagt der Pressesprecher der deutschen Wasserkraftsparte von Uniper, der das Walchenseekraftwerksystem gehört. System deshalb, weil insgesamt fünf Kraftwerke in die Stromproduktion eingebunden sind. Und weil es im Umkreis von 15 Kilometern ein verzweigtes Netz von Stollen, Kanälen, Überleitungen und Wehren gibt. Um manches Bauwerk und seine Folgewirkungen wurde auch leidenschaftlich gestritten. Aber dazu später mehr.

In der Mitte der Halle ist eine Francis-Turbine in ihre Einzelteile zerlegt und gibt den Blick auf ihr stählernes Innenleben preis. An den Bohrungen, Schrauben und Muttern hat sich ein wenig Flugrost angesetzt, der Schutzlack ist stellen-

Im knapp sechs Quadratkilometer großen Kochelsee mischt sich Loisach-, Rißbach- und Isarwasser.

Oben: In der »Kathedrale der Technik«, so wird die Turbinenhalle des Walchenseekraftwerks auch genannt, entsteht jene Energie, die unsere Welt antreibt: Elektrizität. Unten: Alle vier Jahre findet an den geöffneten Turbinen eine Revision statt.

weise abgeschliffen oder abgeplatzt, doch dem stählernen Koloss sind seine 100 Jahre nicht anzusehen. Techniker werden die lamellenartig konstruierten, durchnummerierten Schaufeln auf Beschädigungen prüfen. Denn der Druck des Wassers ist so groß, dass er selbst in den harten Stahl auf Dauer Kerben schlägt. »Das schmälert den Wirkungsgrad der Turbinen«, erklärt Reumschüssel. Wobei das Walchenseekraftwerk sehr sauberes Wasser aus dem Walchensee zur Stromgewinnung zur Verfügung hat, während Wasserkraftwerke an sedimenthaltigen Flüssen mit Schwebstoffen zu kämpfen haben, sodass die Turbinen oft schon nach wenigen Jahren verschlissen sind und überholt werden müssen.

Ein Meisterwerk der Energiegewinnung

Apropos Wirkungsgrad: Auf 85 Prozent beziffert ihn der Pressesprecher, was bedeutet, dass nur 15 Prozent der Energie des Wassers bei der Umwandlung in Strom verloren gehen, vorwiegend durch Reibung. Auch deshalb brauchen die Generatoren eine eigene Luftzufuhr zur Kühlung. Zum Vergleich: Moderne Kohlekraftwerke erreichen einen Wirkungsgrad von ca. 40 Prozent, moderne Gaskraftwerke etwa 60 Prozent. »Wenn wir hier in der Maschinenhalle alles neu machen würden, dann würden wir vielleicht 1 bis 2 Prozent Wirkungsgrad mehr schaffen.« Reumschüssels Intonation lässt bereits ahnen, dass dies nicht verhältnismäßig sei. »Das Walchenseekraftwerk ist deshalb so nachhaltig, weil es schon so lange ohne Aus- und Neubauten läuft, also neuem Material, das produziert und angeliefert werden muss.«

Auch der Direktor für den Bereich Wasserkraft Deutschland bei Uniper, Dr. Klaus Engels, ist voller Lob für das Bauwerk. »Dieses Kraftwerk ist vom Konzept her eine meisterhaft geplante Anlage. Das Verhältnis von Energie, die die Anlage in ihrer Lebenszeit erzeugt, und der Energie, die für die Errichtung aufgewendet wurde, sucht seinesgleichen in Deutschland. Mehr Nachhaltigkeit ist kaum möglich«, sagt er. Zudem komme dem Spitzenlastkraftwerk – es kann auf Knopfdruck innerhalb weniger Minuten hochfahren und seine 124 Megawatt Leistung abrufen – in Zeiten der Energiewende »eine ganz besondere Rolle im Versorgungssystem« zu. »Wenn also der Wind nachlässt oder sich eine Wolke über einen Teil von Bayern schiebt, haben wir mit dem Walchenseekraftwerk die Flexibilität, sofort einzuspringen. Wasserkraft ist also essenziell für das Gelingen der Energiewende. Das ist einzigartig, unverzichtbar und seit jeher emissionsfrei«, so der Manager. Uniper sei bereit, für die Instandhaltung der Anlage »viel Geld in die Hand zu nehmen«, und verweist dabei auf die in Zukunft erforderliche Erneuerung der Generatoren. Engels hält das Kraftwerk »auch für die Zukunft gut dimensioniert und vorbereitet«. Nur müsste zuvor geklärt sein, wie es mit den im Jahr 2030 auslaufenden Wasserrechten weitergehe.

Oskar von Miller – ein Visionär

Dazu lohnt ein Blick zurück in die Entstehungsgeschichte des Walchenseekraftwerks. Bereits im Jahr 1897 präsentiert ein Münchner Ingenieurbüro die Idee, den Höhenunterschied von Walchen- und Kochelsee für die Energieerzeugung zu nutzen. Proteste gegen die Pläne gibt es auch damals schon, vor allem im Oberen Isartal fürchtet man, dass der Isar zu viel Wasser entnommen würde. Das würde den Flößern die Lebensgrundlage entziehen. Die Bevölkerung hat zudem Angst um ihr schönes Isartal. Im Jahr 1902 gründet sich unter Federführung des renommierten Architekten Gabriel von Seidl der Isartalverein. Erklärtes Ziel ist der Schutz der Heimat vor jeglicher Verschandelung.

Doch das Kraftwerksprojekt bekommt wenige Jahre später einen mindestens so prominenten Fürsprecher: Oskar von Miller. »Die Ausnützung des zirka 200 Meter hohen Gefälles zwischen Walchensee und Kochelsee ist so naheliegend, dass dieses Projekt zu den ältesten und am häufigsten vorgeschlagenen Wasserkraftprojekten in Bayern gehört«, sagt der Bauingenieur, Elektrotechniker und Visionär bereits im Mai 1907 bei einer Sitzung des Bayerischen Ingenieurs- und Architektenvereins. Ein Jahr später schreibt die Staatsregierung einen Wettbewerb aus und kürt 1909 unter 31 Einsendungen den Entwurf »Einfach und sicher« als Sieger. Dank der politischen Überzeugungsarbeit des damals schon hoch angesehenen Oskar von Miller genehmigt der Bayerische Landtag 1914 die Finanzierung, doch dann bricht der Erste Weltkrieg aus. Von Miller lässt sich nicht beirren und plant eifrig weiter. Das Walchenseekraftwerk ist nur ein Teil seiner Vision. Ihm schwebt ein Stromnetz für ganz Bayern vor, in das viele Kraftwerke einspeisen.

Im Juni 1918, also noch vor Ende des Krieges, gibt der Landtag den Bau frei. Die Gesamtleitung des Megaprojekts erhält Oskar von Miller, er wird zum Staatskommissar für den Bau des Kraftwerks und die Errichtung eines bayernweiten Hochspannungsnetzes ernannt. Ende November 1919 erfolgt in Urfeld am Walchensee der erste Spatenstich. Hier wird das Einlaufbauwerk entstehen, ein Stollen wird in den Folgejahren durch den Kesselberg bis zum Wasserschloss getrieben, das wie ein riesiges Ausgleichsbecken funktioniert. Es nimmt den Druckstoß des Wassers auf, wenn die Regler an den Turbinen geschlossen werden, und es gibt ausreichend Wasser frei, wenn die Regler aufgemacht werden.

Eine bewegte Chronik

Bis zu 2000 Arbeiter (17 verunglücken tödlich) errichten in fünf Jahren das komplette Kraftwerk – und haben kurz vor Fertigstellung mit der Hyperinflation zu kämpfen, bei der ein Ei bis zu 15 Milliarden, ein Liter Bier 80 Milliarden Mark kostet. »Die Löhne wurden tageweise und bereits am Morgen ausgezahlt, damit die Menschen eine Chance hatten, sich vor dem praktisch stündlichen Wertverlust der Währung Verpflegung zu kaufen«, erzählt der Uniper-Pressesprecher. Spengler hatten die Preise zu Papier gebracht und zwischen zwei Blechplatten in das Dach des Ladeturms eingebaut. »Entdeckt wurde das Dokument erst viele Jahre später bei Renovierungsarbeiten«, sagt Reumschüssel. Trotz aller Widrigkeiten geht am 26. Januar 1924 als Erstes die Drehstrommaschine »Dora 2« ans Netz – und läuft bis heute.

Das Kraftwerk übersteht den Zweiten Weltkrieg unbeschadet und rückt beim Wiederaufbau des Landes schnell in den Fokus. Der Bedarf an Strom ist groß, also genehmigt der Landtag die – bereits im ursprünglichen Konzept angedachte – Überleitung des Rißbachs aus dem Karwendel in den Walchensee und revidiert damit seine frühere Haltung, den Gebirgsfluss unangetastet zu lassen. Mehr Wasser, mehr Strom, so die einfache Rechnung – der Widerstand der Isartaler jedoch ist groß. Einige wollen zur Einweihung der Rißbach-Überleitung mittels umgesägter Bäume die Zufahrt für die Festgäste blockieren, werden aber von der Polizei daran gehindert. Auch der Streit um Restwassermengen für die Isar währt lange und wird erst im Mai 1990 beigelegt, als Bürgerinitiativen eine Teilrückleitung der Isar beim Krüner Wehr durchsetzen. Das vermindert zwar die Jahreserzeugung des Walchenseekraftwerks spürbar, sichert der Isar aber dauerhaft mehr Wasser.

Haubentaucher mit schwimmendem Nest auf dem Kochelsee

Ein besonderes Schauspiel und regelmäßig nach Starkregen oder während der Schneeschmelze zu beobachten: Der Rißbach (braun) fließt nicht ausschließlich durch den Stollen zum Walchensee, sondern frei über sein riesiges Geröllbett in die grüne Isar.

Sonnenaufgang vom verschneiten Herzogstand. Links der Kochelsee, rechts der um 200 Meter höher gelegene Walchensee mit der kleinen Insel Sassau

Blick von den Schlehdorfer Fischerhütten auf Jochberg und Walchenseekraftwerk

Längst ist das Walchenseekraftwerk in der Moderne angekommen. Techniker steuern es heute aus der Zentralwarte in Landshut, über die gut 100 Wasserkraftwerke von Uniper in Deutschland kontrolliert werden. Die Warte am Walchenseekraftwerk schließt 2016 ihre Türen, und nur wenige wissen noch, was in der Nacht des 30. Oktober 1974 dort los war. Mitten in der Nacht werden die Turbinen angefahren, damit genug Strom für alle Fernsehgeräte Bayerns im Netz ist, die für den legendärsten Boxkampf aller Zeiten angeschaltet werden: Muhammed Ali gegen George Foreman, »Rumble in the Jungle« in Kinshasa, Zaire (heute Demokratische Republik Kongo). Spitzenlastkraftwerk im Einsatz für Spitzensport. Muhammed Ali gewinnt durch technischen K. o. Könnte das Kraftwerk selbst in die Knie gehen? Theodoros Reumschüssel lächelt und schüttelt den Kopf. »Selbst ein Blackout des Stromnetzes wirft uns nicht um. Alle Sicherungseinrichtungen sind mechanisch, und unsere Hausmaschinen, mit dem die Turbinen angefahren werden, funktionieren ohne Fremdstrom.« So könne das Walchenseekraftwerk bei einem flächendeckenden Stromausfall helfen, das Netz wieder aufzubauen. Gut zu wissen in unruhigen Zeiten.

Großbaustelle Tiroler Längental: ein neues Pumpspeicherkraftwerk im bisher unberührten Hochtal

DAS MEGA-PROJEKT

Im Tiroler Kühtai entsteht gerade ein neuer Stausee. Mithilfe von Pumpturbinen soll Strom immer dann produziert werden, wenn er im überregionalen Netz gebraucht wird. 1,1 Milliarden Euro investiert die TIWAG-Tiroler Wasserkraft AG hier und will auch in Nachbartälern neue Speicher bauen. Doch der Widerstand ist groß.

Die Fahrt in den Höllenschlund ist eine nasskalte Angelegenheit. Von der Decke des Stollens fallen in unregelmäßigen Abständen Wassertropfen. Es riecht nach feuchtem Stein und Zement. An den Seitenwänden hängen Kabel und Schläuche, wir passieren Leuchtstoffröhren, die in unterschiedlichen Farben leuchten. Blau, erklärt Max Halfar-Arnold, stehe für Wasser, Rot für Gefahr und Grün bezeichne einen Sammelpunkt für Rettung. Plötzlich bremst der gelernte Untertagetechniker, wendet den Jeep in wenigen Zügen und fährt rückwärts in eine seitlich abzweigende Röhre. Sie ist kaum breiter als das Fahrzeug, man könnte die mit Beton ausgespritzte Stollenwand mit den Fingern berühren. »Als Erstes muss man hier Rückwärtsfahren lernen«, sagt er. Denn egal, ob Auto oder Betonmischer, jedes Gefährt müsse in Fluchtrichtung abgestellt sein und der Schlüssel im Zündschloss stecken bleiben.

Willkommen in den Eingeweiden dieser Megabaustelle, die von der TIWAG-Tiroler Wasserkraft AG betrieben wird. Die Orientierung ist uns inzwischen vollkommen abhandengekommen. Wir folgen der TIWAG-Projektassistentin Eva Weiskopf tiefer in den Berg, wie sie uns erklärt. Hinein in die künftige Herzkammer des Pumpspeicherkraftwerks. Die kündigt sich durch

Das Herz des Pumpspeicherkraftwerks schlägt im Bergínneren in einer rund 40 Meter hohen Kaverne. Ab 2026 arbeiten hier zwei Pumpturbinen.

ein metallenes Schlagen an. Der Lärm wird ohrenbetäubend, als wir schließlich einen Raum mit den Ausmaßen eines Opernhauses betreten – sozusagen die Empore. Etwa zehn Meter unter uns steht ein Betonmischer, ein kreisrunder und rot angestrichener Ring markiert den Bereich, in dem einer der beiden Generatoren Platz finden wird. Darunter ist eine Turbinenspirale einbetoniert. Noch ragen an den Seiten des Rings Hunderte Eisenstäbe in den Raum, bald wird auch dort Beton eingegossen. Denn die Kräfte, die hier walten, wenn das Wasser einschießt, sind enorm.

Die Maschinenkaverne liegt 200 Meter tief im Berg und wird am Ende sechs Stockwerke haben. Der Triebwasserweg mit einem Durchmesser von 4,5 Metern schickt voraussichtlich ab dem Jahr 2026 bis zu 90 Kubikmeter Wasser in der Sekunde zu den beiden Pumpturbinen, und zwar vom bereits bestehenden Speichersee Finstertal. Die Turbinen sind reversibel, sie können also auch Wasser vom neuen Speicher Kühtai (2140 m) in den gut 200 Meter höher gelegenen Speicher Finstertal pumpen. So kann es zur späteren Stromerzeugung gespeichert werden. Mehr als 200 Millionen Kilowattstunden will die TIWAG mit dem Erweiterungsprojekt Kühtai jährlich liefern. Strom, der immer dann produziert wird, wenn im europäischen Netz die Nachfrage hoch ist. Das stabilisiert die Versorgungssicherheit, die Energie kann so aber auch an der internationalen Börse lukrativ verkauft werden.

Aber mit welchem Strom pumpt die Turbine das Wasser hoch zum Speicher Finstertal? »Wir nehmen nur Strom aus anderen erneuerbaren Quellen wie Sonne oder Wind«, sagt Weiskopf. »Das ist ein großer Vorteil dieser Kraftwerksart, sie kann Strom aus dem Netz nehmen, wenn mit Photovoltaik und Windkraft zu viel davon erzeugt wird. So wird das Netz stabilisiert und der erneu-

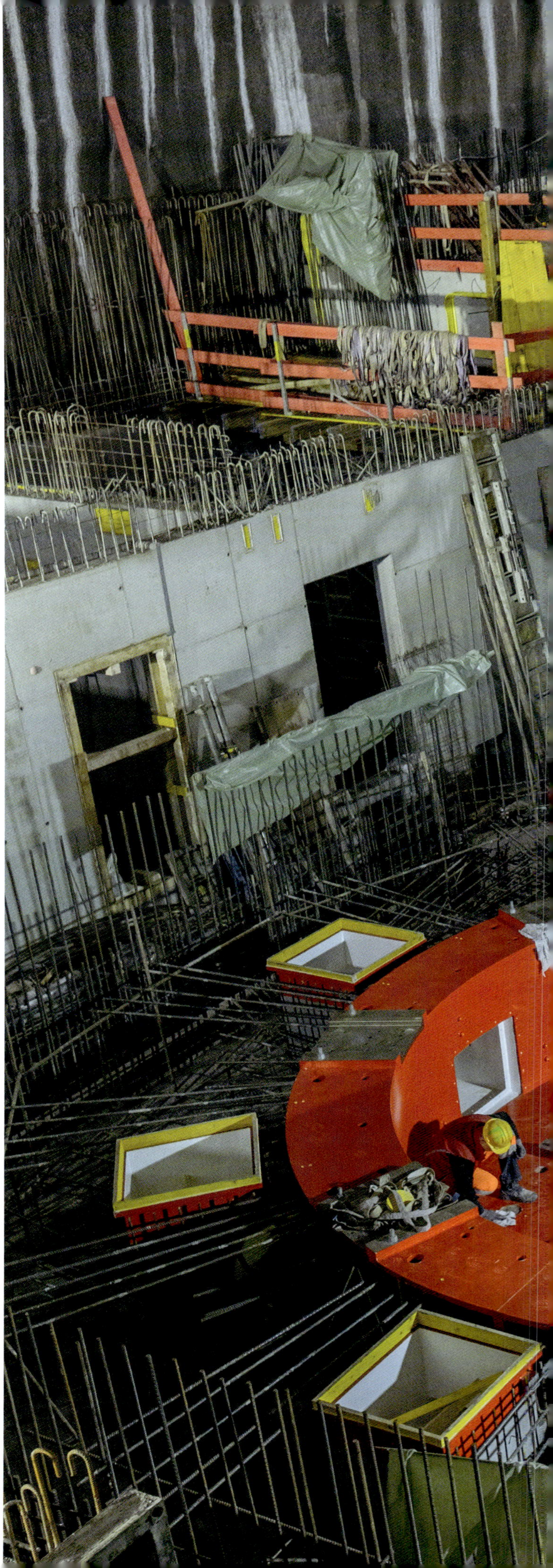

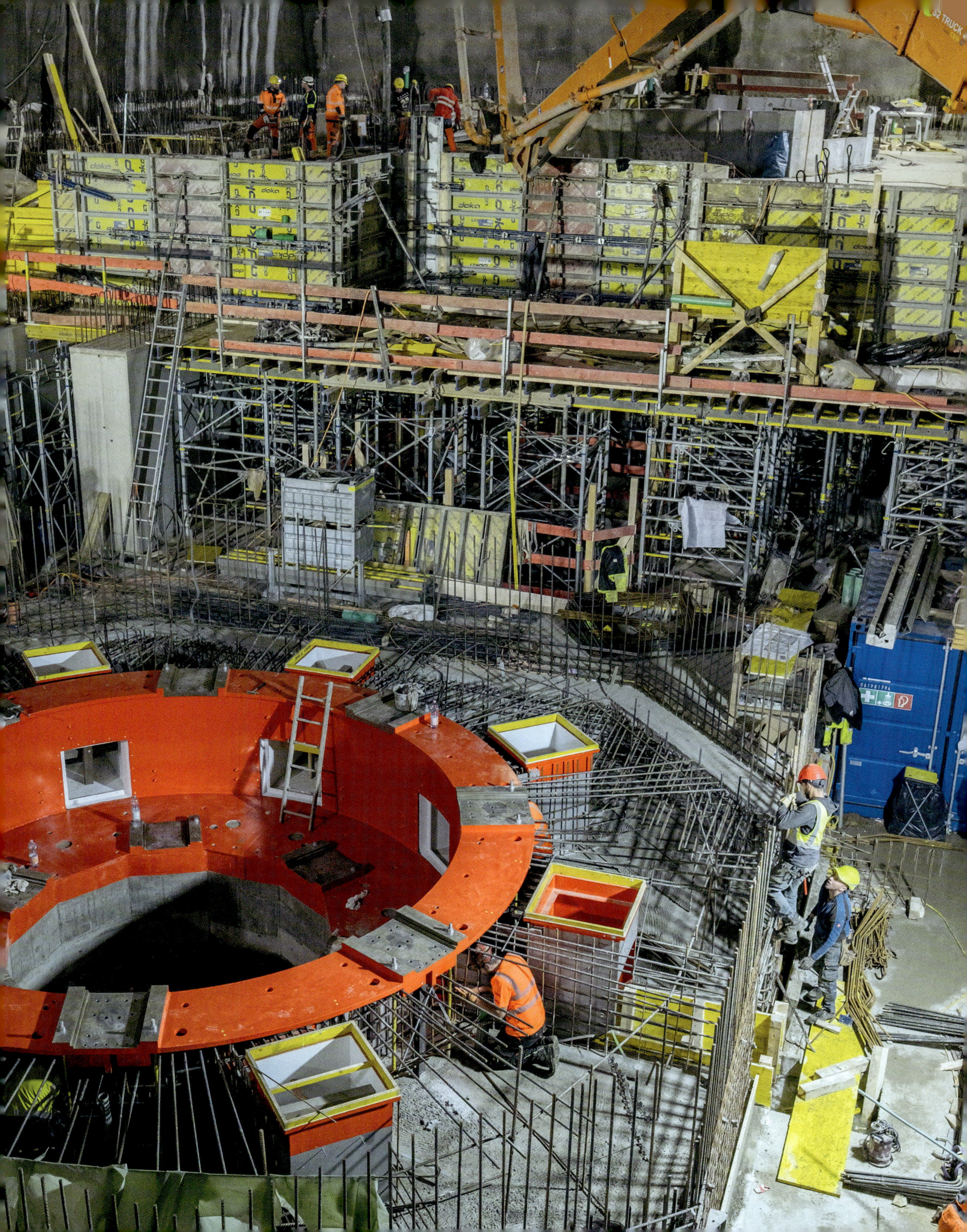
doka

Mehr als eine Milliarde Euro investiert die TIWAG in ihr modernes Pumpspeicherkraftwerk in den Stubaier Alpen.

Oben: Direkt bei der Amberger Hütte wird ein Teil des Fischbachs gefasst und und dem neuen Kühtai-Speichersee zugeleitet (oben). Links unten: Bis zu 100 Tonnen Ausbruchmaterial pro Fahrt werden von den sieben Caterpillars bewegt. Rechts unten rechts: großes Staunen von Christian Neureuther im Zuleitungsstollen

erbar produzierte Strom gespeichert.« Mit unseren Sicherheitswesten und Bauhelmen folgen wir ihr zu einem der Zuleitungsstollen, in dem schon ein Stahlrohr eingebracht ist. Hier hat das Rohr noch einen Durchmesser von circa 4,5 Metern, es verjüngt sich auf dem Weg zur Turbine. Zwei Zentimeter dick ist der Stahl, im Innern hallt jedes Wort nach. Die Vorstellung, dass hier bald Wasser mit einer unglaublichen Kraft durchschießen wird, lässt einen frösteln. Langsam krabbelt die Kälte die Beine hoch, wir machen uns auf den Weg zurück ins Freie. Diese Stollen in der Größe von U-Bahn-Röhren wären perfekter Drehort für eine wilde Verfolgungsjagd à la James Bond.

Klimaschutz versus Naturschutz

Draußen ziehen Wolken durch das Hochtal, es weht ein kalter Wind. Als es wieder aufklart, sieht man die Dimension der oberirdischen Baustelle. Mehrere große Bagger graben sich in die Tiefe, Monster-Kipplaster mit übermannsgroßen Reifen und einer Nutzlast von 100 Tonnen verfrachten Material zum Steinschüttdamm, der eine Höhe von 113 Metern erreichen wird. Im Zentrum des Damms wird penibel eine Erdkerndichtung in 30-Zentimeter-Schichten aufgebaut. »Wir haben hier auf 2100 Metern eine kurze Bausaison«, erklärt Max Halfar-Arnold. »Es darf nicht zu kalt und nicht zu nass sein, sonst leidet die Qualität. Das wäre fatal. Jede einzelne Einabauschicht im Damm wird genauestens geprüft«, sagt der Untertagetechniker. Er arbeitet für die örtliche Bauaufsicht und führt Gruppen durch die Baustelle. »Alles querbeet. Politiker, Architekten, Journalisten, Studierende und Schulklassen.«

Vom Berghang aus betrachtet sieht die Mega-Baustelle aus wie ein Lego-Miniatur-Modell. Bewegt man sich unten, also am künftigen Grund des Stausees, werden einem die Dimensionen schlagartig bewusst. Ein Förderband, das auf einem Betonsockel ruht, wirft beständig Gesteinsmaterial in die Tiefe. Es wird verladen und direkt für den Dammbau verwendet. Gleichzeitig wird Material aus dem späteren Stauraum in die Aufbereitungsanlage, so groß wie ein mittleres Industriewerk, gebracht. Sie stellt den Grundstoff für die Kerndichtung des Damms her, hier wird der Aushub gewaschen, getrocknet und gesiebt. Ein Steinbruch an der östlichen Bergflanke liefert weiteres Baumaterial und schafft mehr Stauraum für den Speichersee. 31 Millionen Kubikmeter wird er fassen, Wasser, das aus dem Sulztal und Stubaital durch einen 25 Kilometer langen Stollen in den künftigen Speicher Kühtai geleitet wird. »Wir sind jetzt bei Kilometer 15«, sagt Halfar-Arnold.

Etwa 1,1 Milliarden Euro investiert die TIWAG, die zu 100 Prozent dem Land Tirol gehört, in die Erweiterung Kühtai der bestehenden Kraftwerksgruppe Sellrain-Silz. Am Ende ist ein Berg ausgehöhlt, ein Hochtal zu einem Speichersee umgestaltet, ein Teil des Wassers wird Gebirgsbächen zeitweise abgezweigt. Kann das ökologisch sein? »Das Erweiterungsprojekt im Kühtai sichert die Energieversorgung für zukünftige Generationen«, schreibt die TIWAG auf ihrer »erneuerbare+« überschriebenen Internetseite. Eine neue Hochspannungsleitung sei nicht nötig, der produzierte Strom werde per unterirdischem Kabel an das bestehende Kraftwerk Kühtai geleitet.

Es ist das Spannungsfeld zwischen Klimaschutz und Naturschutz – und letztlich eine Frage der Abwägung der Interessen. Eine mehrere Tausend Seiten umfassende Umweltverträglichkeitsprüfung (UVP) war Voraussetzung für die Genehmigung des Projekts. »Darin wurde festgelegt, wie viel Wasser entnommen werden darf«, sagt Projektleiter Dipl.-Ing. Klaus Feistmantl. Und wie sieht die Zukunft ohne Gletscher aus? »Die Niederschlagsmengen bleiben ja konstant«, sagt der Projektleiter. Insofern werde es nicht an Wasser mangeln. Er sieht auch einen Vorteil bei den häufiger erwarteten Starkregen: »Der neue Stausee wird auch als Hochwasserpuffer dienen. Ein gewisses Speichervolumen wird für solche Fälle immer vorgehalten.« Die UVP legt zudem Ausgleichsmaßnahmen fest. Oberhalb der Baustelle wurden bereits wertvolle Feuchtböden vom Talboden transplantiert und von kleinen Bächen be-

Oben: Der Staudamm des neuen Speichersees im Tiroler Längental hat beeindruckende Ausmaße. Er misst 113 Meter Höhe und weist eine Kronenlänge von 510 Metern auf. Abb. Rechts: Bei der Mauer des neuen Speichersees im Kühtai handelt es sich um einen Steinschüttdamm mit Erdkerndichtung. Als äußerste, sichtbare Schicht werden auch mächtige Steinquader verbaut.

wässert. Momentan schaut das Ergebnis noch aus wie ein Flickenteppich, doch in ein paar Jahren sollen alpine Kleinseggenrieder, so nennen sich diese Feuchtböden, angewachsen sein. An anderer Stelle am Inn wurden drei Kilometer Flusslauf renaturiert, also aus dem Kanalbett befreit und mit natürlichen Strukturen versehen. Nach eigenen Angaben investiert die TIWAG zehn Prozent der Investitionssumme in den ökologischen Ausgleich.

Auch der Alpenverein sieht das Kühtai-Projekt inzwischen nicht mehr als No-Go. »Wir wollten das vor zehn Jahren verhindern«, sagt Tobias Hipp vom Naturschutz-Ressort des DAV. Aus heutiger Sicht sei das Projekt tolerabel, da es sich um eine Erweiterung handle. »Wir müssen Erneuerbare entwickeln und die Alpen müssen ihren Beitrag liefern.« Wie und wo, müsse für jedes Projekt einzeln angeschaut werden. Es gebe aber rote Linien, die nicht überschritten werden dürften. »Das Platzertal darf aus unserer Sicht nicht angetastet werden«, sagt Hipp. Dort, in einem noch unberührten Seitental des Kaunertals möchte die TIWAG, ähnlich wie im Kühtai, einen neuen Speichersee bauen und dabei Teile der Infrastruktur nutzen, die im Kaunertal mit dem Gepatschspeicher schon vorhanden sind. Doch der Widerstand in der Bevölkerung und bei Umweltschutzverbänden ist groß. »Das Platzertal ist ein Refugium für Mensch und Tier«, sagt Anita Hofmann in einer BR-Dokumentation. »Das ist etwas ganz Kostbares, das dürfen wir nicht einfach dahingeben.« Die Erzieherin aus dem Kaunertal kämpft gemeinsam mit Wassersportlern, Alpen- und Naturschutzorganisationen sowie Bürgermeistern und Bauernverbänden gegen den in ihren Augen katastrophalen Eingriff in die Natur. Denn es würde nicht nur das Hochtal geflutet, sondern bis zu 80 Prozent des Wassers der Ötztaler Quellflüsse abgezweigt werden. Wasser, so befürchten die Kritiker, das dem Tourismus und der Landwirtschaft fehlen werde.

Regenbogen und damit auch »Wasser-Zauber« nach einem Gewitter. Der Acherkogel (3007 m) zwischen Oetz und Kühtai

Kein schöner Anblick: der fast leere Zoggler Stausee. Mit einem Speichervolumen von 31 Millionen Kubikmetern ist er der größte der insgesamt sechs Stauseen im Ultental.

DAS TAL DER UNBEUGSAMEN

Südwestlich von Meran zweigt das Ultental ab. Dort wird seit 70 Jahren Strom aus Wasserkraft gewonnen. Jetzt gibt es neue Begehrlichkeiten, ein Megaprojekt ist in Planung. Doch die Bevölkerung wehrt sich.

Wer sich ins Südtiroler Ultental aufmacht, muss erst einmal viele spitze Kehren überwinden. Und dabei mehrere Gänge zurückschalten. Waltraud Schwienbacher nutzt das Bild, um ihre Philosophie zu verdeutlichen: runterschalten, innehalten, von der Natur lernen – und am Ende bereichert sein. Unter der Maxime führt sie ihren Kräuterhof und so hat sie eine Schule für altes Handwerk aufgebaut. Doch jetzt droht Ulten dauerhafte Unruhe. Das Energieunternehmen Alperia, das der autonomen Provinz Bozen sowie mehr als 100 Südtiroler Gemeinden gehört und 35 Wasserkraftwerke in Südtirol betreibt, möchte ein Pumpspeicherkraftwerk errichten, ähnlich dimensioniert wie im Kühtai. Alperia will die 1100 Meter Höhendifferenz der bestehenden Stauseen Zoggler und Arzkar nutzen, ein immenses Potenzial für die Stromgewinnung. Die Kraftwerkszentrale würde ebenfalls in einer Kaverne im Berg errichtet, oberirdisch entstünden nach den Entwurfsplänen lediglich Zugangsportale und neue Leitungstrassen. 400 Megawatt Leistung soll das Kraftwerk »St. Walburg 2« zukünftig erreichen, das entspricht in etwa einem Drittel eines neueren Atomkraftwerks.

Das sind Dimensionen, bei denen es Franziska Schwienbacher ganz schwindelig wird. Die Tochter von Waltraud Schwienbacher lebt in St. Walburg und betreibt gemeinsam mit ihrem Bruder Hannes und ihrer Mutter das »Kräuterreich Wegleit«, einen Biobauernhof, der sich aufs Sammeln, Anpflanzen und Verarbeiten von (Wild-)Kräutern spezialisiert hat. Auf drei Seiten umgibt der Garten das Anwesen – er ist die Lebensgrundlage der Familie. Die Kräuter werden zu vielfältigen Produkten verarbeitet, von Dutzenden verschiedener Teemischungen über Kräutersalz, Essigessenzen und Öle bis hin zu Salben, Cremes, Gesichtswasser und duftenden Badezusätzen. Der Besucher kann das alles im hofeigenen Laden erwerben. Dass dem so ist, dahinter steckt eine Geschichte, die den Schwienbachers erst einmal im Wortsinn den Boden unter den Füßen weggezogen hat.

Lange Familiengeschichte geprägt von Energiegewinnungsplänen

Der Hof der Familie stand früher weiter unten im Tal, dort, wo heute der Zoggler Stausee liegt. Der Wegleit-Hof, im Jahr 1358 als »Weghof in Ultimis« erstmals urkundlich erwähnt, musste den Stromgewinnungsplänen weichen. »Einige Höfe sind damals in den 50er-Jahren abgesiedelt worden, so auch unserer«, erzählt Waltraud. Die Pläne stammten aus den Zwischenkriegsjahren, aus der Zeit des italienischen Faschismus, in der Enteignung zu einem probaten Mittel gehörte. Den Schwienbachers verblieben nur ein Dreiviertelhektar Wiese und 20 Hektar Wald, eigentlich zu viel zum Sterben und zu wenig zum Überleben. Dass sie blieben, lag an der Verwurzelung in dem Tal und dem festen Glauben an ein Auskommen – das sie mit dem »Kräuterreich« dann auch selbst schufen.

Seither gibt es in Ulten sechs Stauseen – Spitzenplatz aller italienischen Täler – und zwei Pumpspeicherkraftwerke. Nun soll eines der letzten noch unberührten Gebiete des Ultentals für die weitere Energiegewinnung Verwendung finden.

Es ist nicht verwunderlich, dass bei den Schwienbachers angesichts ihrer Familiengeschichte Skepsis gegenüber den großen Alperia-Plänen vorherrscht, auch wenn laut Unternehmen kein Stausee erweitert und kein neuer Fluss angezapft werden soll. Franziska Schwienbacher weiß um die Notwendigkeit, erneuerbare Energiequellen auszubauen. »Nur: Wie weit darf Klimaschutz auf Kosten des Naturschutzes und auf Kosten der Gesundheit der vor Ort lebenden Menschen gehen?«, fragt sie und hebt dabei ihre Arme in die Höhe, als erhoffe sie sich eine Antwort von oben. Sie zieht die Augenbrauen zusammen, für kurze Zeit liegt ihre Stirn in Falten. Man sieht, dass sie mit sich hadert. Mindestens fünf Jahre würde es dauern, den Larcherberg und Steinlahner hinauf zum Arzkar-Stausee zu durchlöchern und Millionen Tonnen Gesteinsmaterial mittels Materialseilbahnen und Hubschraubern ins Tal zu befördern. »Die Steinmühle beschallt dann das ganze Tal und die Scheinwerfer erhellen die Nacht«, prophezeit die 50-jährige Biologin. Denn nach den Plänen von Alperia soll der Aushub, sofern geeignet, zur Betonherstellung genutzt werden, der Rest würde an den Seitenwänden des Zoggler Stausees zur »Melioration« verbaut, so das Unternehmen. 24 Stunden täglich, auch an den Wochenenden. Nur so könne der Zeitplan eingehalten werden. Die Baustelle befindet sich inmitten des Tals, in dem Menschen leben, arbeiten und Urlaub machen.

Fachliche Aufklärung aufgrund großer Bürgerskepsis

Dass Franziska Schwienbacher derlei Details kennt, hat sie zunächst einem Zufall zu verdanken. Der örtliche Alpenvereinsvorsitzende Peter Schwarz sprach sie im Spätsommer 2023 an, ob sie vom Arbeitskreis zum Thema Pumpspeicherkraftwerk wisse. Franziska wusste von nichts, und so nahm Peter die engagierte Gemeindebürgerin kurzerhand mit zum ersten Treffen des illustren Kreises, das der Bürgermeister anberaumt hatte. »Es waren nur acht Vertreter aus dem Tal eingeladen und ich hatte das Gefühl, dass wir mit Informationen überrollt werden sollten. Alperia hatte ein dreiköpfiges professionelles Moderatorenteam aufgeboten«, erzählt sie. Doch so einfach machten es die Ultentaler Vertreter dem Energieunternehmen nicht. »Wir ließen den Arbeitskreis wenig später plat-

Wolken über dem Ultental

Oben: Primelgewächs im nassen Fels der Gonnawand. Unten: winterlicher Zoggler See. Rechts: Sprudelndes Bergwasser, sauber und mineralienreich – ein Lebenselixier

Welt?« Im Herbst 2025 wird es eine Bürgerbefragung geben. Hop oder top. Rechtlich bindend wird das Votum zwar nicht sein, aber moralisch bedeutsam. Sollten sich die Ultner gegen das Pumpspeicherkraftwerk aussprechen, so haben sie immerhin vom Südtiroler Landeshauptmann Arno Kompatscher das mündliche Versprechen bekommen, dass das Projekt dann nicht verwirklicht wird. Doch die Legislaturperiode des Südtiroler Landtags endet 2028, weshalb sich die Biologin besorgt zeigt: »Was danach ist, kann uns niemand sagen.« Thomas Gerstgrasser blickt dagegen nur aus der Sicht eines Unternehmers auf die Alperia-Pläne. Er betreibt gemeinsam mit seiner Frau Anna Stauder das 52-Zimmer-Hotel »Arosea Life Balance«, nur zwei Kilometer vom Kräuterreich Wegleit entfernt. Auch Thomas ist im Bürgerrat, man kennt sich sowieso im kleinen Kosmos Ulten, über dessen Rand der Hotelier und Unternehmensberater für Tourismusbetriebe, hinausschauen will. Zwar fürchtet auch Thomas Gerstgrasser negative Auswirkungen der Megabaustelle auf das in seinen Augen angenehm abgeschiedene Tal. Doch wenn die Pläne schlussendlich in die Tat umgesetzt würden, dann solle man mit dem der Gemeinde versprochenen Geld – Thomas nennt die Summe 16 Millionen Euro – etwas unternehmerisch Sinnvolles machen. »Wenn ich Ideen wie ein Vereinszentrum höre, dann kann man das Geld gleich in den Fluss werfen«, sagt er. Weitsichtiger sei es, die Ultentaler Schwemmalm mit dem benachbarten Skigebiet Tarscheralm-Latsch zu verbinden. »Es gibt hohe Fördersummen von der Provinz, so könnte man einen viel größeren Mehrwert fürs Tal schaffen.« Denn das vergrößerte Skigebiet ziehe mehr Touristen an, das schaffe mehr Arbeitsplätze. Wie zukunftssicher die angesichts der Klimakrise sind, vermag Gerstgrasser allerdings auch nicht zu sagen.

Erhalt der Natur, eine nötige Pflicht

Waltraud Schwienbacher blickt unterdessen auf den Zoggler Stausee unterhalb ihres Hofes. Er ist abgelassen, wie meist in den Wintermonaten. »Es sieht aus wie eine offene Wunde und mir scheint, ich höre die Erde weinen«, sagt sie mit fester Stimme. »Und nun soll ihr eine weitere Wunde zugefügt werden? Wir dürfen nicht noch mehr zerstören. Wir haben die Pflicht, das wenige, was uns an Natur, klarem Quellwasser, an Stille geblieben ist, zu erhalten und dafür die Stimme zu erheben.« Ihre Tochter Franziska schaut sie an und ergänzt: »Die Erde weint, aber wir hören das Weinen nicht, weil wir im Lärm der Zeit und im Rauschen der Schnelllebigkeit abgelenkt und taub sind.«

Das Salzkammergut ist die seenreichste Region am nordöstlichen Alpenrand. Geprägt wurde sie durch die eiszeitlichen Gletscher, die Täler und Seemulden, wie hier den morgendlichen Mondsee, ausschürften.

Mit einer Höhe von 180 Metern zählt die Betonmauer des Lac d'Emosson (1930 m) zu den höchsten Talsperren der Schweiz.

GIGANTEN AUS BETON

An der Grenze zwischen der Schweiz und Frankreich entstand schon in den 1920er-Jahren eine kolossale Staumauer. Inzwischen ist der Kraftwerkskomplex Emosson zu einem der größten Wasserkrafterzeuger der Alpen geworden – im Einklang zweier Nationen.

Wolkenfetzen branden an der Betonmauer an. Plötzlich überströmt der Nebel das 180 Meter hohe und am Fuß bis zu 48,5 Meter dicke Bauwerk. Die fast 2000 Meter hoch gelegene, geschwungene Krone der Staumauer von Emosson verliert sich im Nichts. Ein kalter Wind pfeift an diesem Tag Anfang Juni von Norden her über den fleckigen Beton. Für einige Momente sieht es so aus, als würde die befahrbare Mauer direkt ins Jenseits führen. In den Himmel oder in die Hölle? Dann reißt die Wolkendecke wieder auf und zeigt die schneebedeckten Gipfel von Le Perron (2674 m), Pointe de la Finive (2838 m) und Pic de Tenneverge (2985 m). Im Süden baut sich das Mont-Blanc-Massiv auf. Also doch ins Paradies?

Sicher ist, dass die Ideen und Pläne der Ingenieure in der Zeit nach dem Zweiten Weltkrieg in den Himmel schossen. Das Eisenbahnnetz der Schweiz entwickelte sich in rasantem Tempo, der Strombedarf wuchs dementsprechend. Was lag also näher, als noch größere Stauanlagen zu bauen und noch mehr Wasser durch Turbinen zu schicken? Die Anfänge hier am westlichen Ende des Kantons Wallis direkt an der französischen Grenze waren längst gemacht. Bereits 1920 hatte die Schweizerische Bundesbahnen AG den Bau des Kraftwerks Barberine im gleichnamigen Tal (Vallon de Barberine) initiiert, für damalige Verhältnisse ein gigantomanisches Projekt. Die Schweiz elektrifizierte ihr Schienennetz und wollte unabhängig von Kohleimporten werden,

Oben: Keine moderne Skulptur, sondern ein altes Turbinenrad, das vom sandhaltigen Wasser des Stausees wie von einem Schleifpapier seine ungewöhnliche Struktur bekam
Unten: Michael Ruhland lässt sich Geschichte und Funktionsweise des Kraftwerkskomplexes von Emosson erläutern.
Rechts: Bei den großen Stauseen der Alpen handelt es sich überwiegend um Jahresspeicher. Im Winter, wenn der Energiebedarf steigt, ihnen aber wenig Wasser zufließt, entleeren sie sich.

Winzig kleine Besucher im Gegensatz zu den Giganten aus Beton

Sie hat in Deutschland Informatik studiert, 2003 hat sie ihren Doktor an der Technischen Hochschule Lausanne EPFL gemacht. Privat verschlug es Weber nach Martigny, nicht weit entfernt vom Wasserkraftwerkskomplex Emosson. Jetzt also führt sie Gruppen über und in die Staumauer und ist selbst immer noch beeindruckt von dem Bauwerk, das im September 2025 den 50. Jahrtag der Inbetriebnahme feiert.

Hohe Sicherheitsvorkehrungen

Je nach Füllstand des Speichers variiert der Druck auf die Bogenstaumauer gewaltig. Weber zeigt auf ein Pendel, das altertümlich anmutet, den Technikern aber genaue Auskünfte darüber gibt, wie sich die Staumauer unter den Druckverhältnissen verformt. Die Stabilität des Betonkolosses ist unter ständiger Überwachung. »Alles im grünen Bereich«, sagt Weber, die unsere fragenden Blicke wahrgenommen hat. Für die Sicherheit werde ein hoher Aufwand betrieben. Im Winter 2012 wurde der Stausee im Zuge des Baus von Nant de Drance zum ersten Mal geleert – nach fast 40 Jahren seit seiner Inbetriebnahme. 20 Millionen Schweizer Franken ließ sich die Betreiberfirma ESA die Revisionsarbeiten nach eigenen Angaben kosten. 90 Tage lang wurden Kopf- und Absperrventile gewartet, Dichtungen geprüft, Sedimente abgetragen. Der Fischbestand allerdings überlebte die Aktion nicht, »da kein Zugang möglich war, um ihn zu retten«, schreibt die ESA auf ihrer Homepage. Beim Auffüllen des Sees seien Jungfische im Wert von 100 000 Euro eingesetzt worden. Die gute Nachricht für alle Bewohner des künstlichen Gewässers: Bis zum Ende der Konzessionsdauer im Jahr 2055 wird nichts mehr trockengelegt.

Weil die Nachfrage nach grünem Strom Jahr für Jahr höher wird, denken die Kraftwerksbetreiber heute schon über eine Erhöhung der Staumauer nach. Erste Testbohrungen haben bereits stattgefunden. Dann könnte es einen neuen Superlativ im Wallis geben: Lac d'Emosson, der größte Speichersee der Schweiz.

ÜBERFLUSS UND MANGEL

Hochwasserschutz im wasserreichen Lauterbrunnental

Der Kunst der alpinen Bewässerung

Turin liegt am Fuß der Piemonteser Berge. Blick auf den schönsten Gipfel der Region, den Monviso (3841 m), wo der Po entspringt, der letztendlich nach 652 Kilometern in die Adria mündet.

Oben: Bei Amaro mündet die Fella in den Tagliamento, ein paar Kilometer weiter südlich verlässt der letzte Wildfluss der Alpen die Berge auf seinem Weg in die Adria. Rechts: Ganz hinten im Val Verzasca liegt Sonogno, ein typisches Tessiner Dorf mit gut erhaltenem Ortskern. Nicht zu übersehen ist der schlanke, im Kern romanische Campanile der Pfarrkirche.

Links: Von Belluno, das auf einem Plateau über dem Piave liegt, ist es nicht weit ins Schiara-Massiv. Hinter dem Kirchturm verbirgt sich der Monte Schiara (2565 m), gleich links davon ragt die schlanke Felsnadel der Gusela del Vescovà in den südlichen Himmel. Oben: Blaue Stunde am Isar-Stausee bei Krün. Blick ins Karwendel; von links Wörner, Tiefkarspitze und Westliche Karwendelspitze

Dem Wasser näher als den Bergen:
die Lagunenstadt Venedig

Der Staubbachfall inspirierte sogar J. W. von Goethe zu einem legendären Gedicht.

DER ÜBERFLUSS

Wasser ist im Schweizer Lauterbrunnental allgegenwärtig. Der Staubbachfall rauscht und sprüht 300 Meter im freien Fall in die Tiefe – nicht der einzige Superlativ des Bilderbuchtales. Doch mit den wärmeren Wintern und stärkeren Regenfällen steigt die Gefahr von Hochwasserkatastrophen.

»Des Menschen Seele
Gleicht dem Wasser:
Vom Himmel kommt es,
Zum Himmel steigt es,
Und wieder nieder
Zur Erde muß es,
Ewig wechselnd.«

Johann Wolfgang von Goethe war bei seiner zweiten Schweiz-Reise im Jahr 1779 von dem Naturschauspiel des Staubbachfalls im Lauterbrunnental derart angetan, dass er das insgesamt sechsstrophige Gedicht »*Gesang der Geister über den Wassern*« verfasste und in einem Brief an seine große Liebe Charlotte von Stein schickte.

Wer heute nach Lauterbrunnen reist und schon vom Bahnhof aus einen Blick auf den imposanten Wasserfall erheischt, wird Goethes Verzückung teilen. Hoch oben an der Abbruchkante der senkrechten Felswand sieht der Betrachter einen schäumenden Wasserstrahl, der sich beim Fallen in Abermillionen Wassertropfen teilt, die als feine Sprühnebel erst kurz vor dem Talboden auf einer Bergschulter landen und weiter in die Tiefe rauschen. Am liebsten würde man im kühnen Fluge durch die Gischtfetzen tauchen und sich so an einem heißen Bergtag Kühlung verschaffen.

Für derlei romantische Gefühlswallungen hat Ralf Schai gerade keinen Sinn. Er steht am Ufer der Weißen Lütschine, die durch das Lauterbrunnental fließt, und hält einen Plan in der Hand. Darauf sind die verschiedenen Hochwasserschutzmaßnahmen eingezeichnet, die die Gemeinde in den vergangenen Jahren ausgeführt hat. Wobei das so nicht ganz stimmt, denn die Kommune Lauterbrunnen mit ihren sechs Ortschaften und knapp 3000 Einwohnern hat die delikaten Wasserbauthemen an die sogenannte Schwellenkorporation delegiert. Das ist eine Körperschaft des öffentlichen Rechts, die sich speziell um den Hochwasserschutz kümmert und dazu auch Steuern eintreiben kann. Schai ist deren Präsident, ein Ehrenamt, das der Förster seit zehn Jahren ausübt.

Bauliche Hochwasserschutzmaßnahmen

Der 64-Jährige schaut mit prüfendem Blick in den munter fließenden Gebirgsfluss und deutet auf die im Abstand von etwa zehn Metern keilförmig in den Flusslauf ragenden Granitblöcke. »Wir haben das Flussbett aufgeweitet«, erklärt er, »und Buhnen schräg in die Flusssohle eingebaut.« Damit bremse man die Fließgeschwindigkeit und verringere somit die zerstörerische Kraft des Flusses bei Hochwasser. Die jüngste Flut habe Teile der Ufer mitgerissen, berichtet Schai. Deshalb seien die Ufer abgeflacht worden, was sie stabiler mache. Künstlich eingebrachte Flussbausteine stützen sie zusätzlich. Renaturierung und Hochwasserschutz gehen hier Hand in Hand und kosten viel Geld. Deshalb finanziere der Kanton Bern das Projekt mit 80 bis 90 Prozent, je nach Maßnahme. Dahinter stehen komplizierte Berechnungen über Abflussmengen und Gefälle, doch gibt es im Lauterbrunnental zum Leidwesen des Präsidenten der Schwellenkorporation und seiner Kollegen in den Gleichungen auch

Nur ein paar Monate im Jahr zu bestaunen: die drei Arvenseeli am Weg zum Gemmipass. Die inmitten eines lichten Lärchen-Arven-Waldes gelegenen Gewässer werden von Schmelzwasser gespeist und fallen dann im Lauf des Sommers trocken.

Links: Bei Kandersteg stürzt die Kander über mehrere Felsstufen herab. Nach 47 Kilometern mündet sie in den Thunersee. Oben: Michael Ruhland informiert sich bei Ralf Schai über Schutzmaßnahmen gegen Hochwasser an der Weißen Lütschine.

»Strömt von der hohen,
Steilen Felswand
Der reine Strahl,
Dann stäubt er lieblich
In Wolkenwellen
Zum glatten Fels,
Und leicht empfangen,
Wallt er verschleiernd,
Leisrauschend,
Zur Tiefe nieder.«

dern und schneebedeckten Bergriesen wie ein Abziehbild eines Traumortes in den Alpen wirkt, kaum herausfordernder sein: immer größer werdende, schneefreie Flächen, Regen im Winter statt Schnee sowie Gewitter und Starkregen in den Sommermonaten.

Längst gibt es staatlich verfügte Karten zu den Gefahren von Lawinen und Hochwassern mit unterschiedlich eingefärbten Zonen. Rot bedeutet »Bauen verboten«, die Farbe Blau markiert Gebiete, in denen nur unter strengen Auflagen Entwicklung möglich ist. Lediglich gelb eingefärbte Zonen dürfen noch nach den üblichen Kriterien bebaut werden. Immerhin ist ein Szenario, das die Bewohner eine Zeit lang in Angst und Schrecken versetzt hat, so gut wie vom Tisch. Im Inneren des Eigergletschers hatte sich ein Schmelzwassersee gebildet, der auszubrechen drohte. »Die Evakuierungspläne für den Fall einer Explosion lagen schon vor, doch die Gefahr ist inzwischen gering, weil sich der Gletscher zurückgezogen hat«, berichtet Schai.

Auf der anderen Seite des Eigers, in Grindelwald, war die Gefahr noch greifbarer. Infolge von Felsstürzen und Murgängen bildete sich in den 2000er-Jahren ein riesiger See am Grindelwaldgletscher, der sich in unregelmäßigen Abständen füllte und wieder entleerte – erst einmal ohne größere Schäden anzurichten. Doch der Kanton musste reagieren, um Leib und Leben der Bewohner zu schützen. Für 15 Millionen Schweizer Franken wurde ein Stollen gebaut, der 2010 zum Glück rechtzeitig für einen künstlichen Abfluss sorgte. Inzwischen ist der See verschwunden.

Mit seinem Geländewagen fährt Ralf Schai unterdessen weiter hinein ins Lauterbrunnental, nach Stechelberg. Er hält an einer Stelle, an der die Straße mithilfe schwerer Eisentore jederzeit gesperrt werden kann. »Damit können wir verhindern, dass das Wasser wie ein Sturzbach die Straße hinunterläuft«, erklärt er. Ein paar Minuten später biegt der Förster nach links in Richtung Trümmelbach ab. Er schaltet den Allrad ein, der Wagen ruckelt im Schritttempo einen steilen, unbefestigten Weg empor. An einer eingeebneten Stelle hält Schai an und führt uns durch eine Absperrung zu einem Becken, das in einen unscheinbaren Gebirgsbach betoniert wurde und von einer Mauer begrenzt ist. »Das ist einer unserer Geschiebesammler, der schützt im Hochwasserfall die im Tal liegenden Häuser«, sagt der Experte. In regelmäßigen Abständen kontrollieren sogenannte Schwellenmeister die Bauwerke. »Wenn sie zu einem Viertel bis maximal zur Hälfte gefüllt sind, dann ordern die Schwellenmeister Bagger und Lkw«, berichtet Schai.

»Seele des Menschen,
Wie gleichst du dem Wasser!
Schicksal des Menschen,
Wie gleichst du dem Wind!«

Dass Unwetter immer häufiger und mit ihnen Sand, Kies und Geröll verfrachtet werden, merkt auch Karl Guntern. Seit 1989 leitet er den Bereich Produktion und Netze des Stromversorgers EWL in Lauterbrunnen. Das genossenschaftlich aufgebaute Unternehmen betreibt mehrere Laufwasserkraftwerke im Tal und liefert nach eigenen Angaben 96 Prozent des benötigten Stroms. Guntern ist stolz auf die Genossenschaft, die sich auch um die Trinkwasserversorgung kümmert. »Jeder unserer 442 Mitglieder hat eine Stimme, egal, wie hoch seine Einlage ist«, berichtet er. Das sei solidarischer als bei einer AG. Zudem könne das Unternehmen nicht einfach übernommen werden. Guntern blickt von daher optimistisch in die Zukunft. Mit den wärmeren Temperaturen liefen die Kraftwerke übers Jahr betrachtet sogar besser als früher, weil mehr Wasser verfügbar sei. Einzig die Starkregen bereiten ihm Sorge. »Ich fürchte, das Geschiebe wird uns im Sommer öfters die Produktion beeinträchtigen.« Ralf Schai indes wird schauen, dass solche Szenarien am besten nicht eintreten.

Am Tomasee (2344 m) entspringt der Vorderrhein.

Manuela Ritschel und Simon Messner am Schnalser Waal. Im Herbst, wenn die Blätter fallen, sind die Wasserleitungen bereits außer Betrieb.

DIE KUNST DER BEWÄSSERUNG

Trockene Regionen in den Alpen haben bereits die Römer bewässert. Seit dem Mittelalter entwickelte sich ein verzweigtes und ausgeklügeltes System an Bewässerungskanälen. An vielen führen heute Wanderwege entlang, doch gewinnen sie wegen des Klimawandels auch für die Landwirtschaft wieder an Bedeutung. Zu Besuch im Wallis und im Vinschgau.

Auf dem historischen Foto sind fünf Männer an einer steilen Felswand zu sehen. Ungesichert. Einer blickt ängstlich in den Abgrund. Die Arbeiter balancieren auf einem fußbreiten Bretterweg, der einen Bewässerungskanal begleitet. Der Vorderste steht gebückt in der in die Felswand geschlagenen Rinne und müht sich, Geäst und kleine Bäumchen weiterzuschieben. Seine Kleidung hat sich bis hoch zu den Schultern mit Wasser vollgesogen. Zum Schutz gegen die Sonne trägt er eine Schildkappe. Der Betrachter des Bildes ahnt, dass die Männer Schwerstarbeit verrichten und dabei ihr Leben riskieren. Sie reinigen den hölzernen Kanal nach dem Winter und dichten ihn mithilfe von Schlamm ab. Die Äste und Tannenbäumchen bremsen das Wasser, so können sich die Schwebstoffe in den Ritzen der Suonen absetzen, wie das Bewässerungssystem im Oberwallis heißt. Die Wiesen und Felder würden sonst im Sommer vertrocknen und kaum Ernte liefern. Die gefährliche Aktion sichert also das Überleben der Familien.

Die Fotografie hängt im Walliser Suonenmuseum im kleinen Ort Botyre-Ayent im Herzen des trockensten der 26 Schweizer Kantone und trägt die Bildunterschrift »Suone von Saviése, die Wasserfreigabe, 1935«. In dem liebevoll gestalteten und didaktisch gut aufbereiteten Museum

Durch die Massaschlucht wurde früher das Schmelzwasser des Aletschgletschers auf die Felder oberhalb von Brig geleitet.

erfahren Besucher Wissenswertes über die zweitausendjährige Geschichte der Bewässerungssysteme am Beispiel der Walliser Trockentäler. Denn die ältesten Funde stammen aus römischer Zeit, die ersten Erwähnungen der Suonen gab es im Hochmittelalter. Dass hier beileibe nicht nur Historisches vermittelt wird, dafür sorgt zum Beispiel das Ehepaar Paulsen. Theres und Jens sind zwei von 20 Ehrenamtlichen, die Schulklassen und Besuchergruppen auf drei Ebenen in dem stattlichen, kunstvoll bemalten Haus aus dem 17. Jahrhundert in die Welt der Suonen einführen.

Nur gemeinsam kann es gehen

»Es geht nicht primär um Ingenieurskunst, sondern um lokales Wissen, das unheimlich wichtig ist und nicht verloren gehen darf«, sagt Theres. Sie ist Umweltwissenschaftlerin und voller Hochachtung für die Leistungen der Dorfgemeinschaften. Denn eines erschließt sich jedem, der sich mit den zum Teil spektakulär über Felswände und durch Schluchten geführten Wasserwegen in den Alpen beschäftigt: Nicht einmal ein kleines Dorf konnte den Aufwand stemmen, solche Kanäle über viele Kilometer von den Wildbächen und Gletscherflüssen bis zu den bewirtschafteten Flächen zu bauen und zu unterhalten. »Was damals im Mittelalter entstand, waren Vorformen von Genossenschaften«, erklärt Theres. »Jedem war klar, dass so ein Bewässerungssystem nur in der Gemeinschaft funktioniert.«

Sogenannte Geteilschaften übernahmen die genossenschaftliche Bewirtschaftung der Suonen, etliche gibt es heute noch. Die Umweltwissenschaftlerin sieht in der Organisationsstruktur – jenseits von Privatisierung und Verstaatlichung – einen nachhaltigen Ansatz, der Vorbild für andere alternative Wirtschaftsformen sein könne.

Auf verschiedenen Höhenstufen entstand über die Jahrhunderte ein feingliedriges System an Suonen, sodass ohne größere Wasserverluste gezielt die Weiden an den Berghängen und die Wiesen in den Tallagen berieselt werden konnten. Die Höfe, Weiler und Orte wurden so

Oben: Reim am Waal in Juval. Rechts: Michael Ruhland und die Wanderführerin Carine Violina an den Suonen von Arbaz

zu einer Schicksalsgemeinschaft verwoben. »Wer nicht mitmachte, bekam kein Wasser«, ergänzt Jens. Voraussetzung war, dass im Mittelalter die Grundherren den Bauern das Recht gewährten, das Wasser als Gemeinschaftsgut zu nutzen. »Die daraus entstandenen Geteilschaften sind wesentlich älter als die Kommunen«, sagt Jens, der von Beruf Biologe und Botaniker ist. Früher sei nach dem Gottesdienst ausgerufen worden, wer wann was bewässern darf. Die Autorität der Kirche beugte Konflikten vor, die es bei der Verteilung des kostbaren Guts im Laufe der Geschichte immer wieder gegeben hatte.

Jens führt seine Besucher zu einem Schaukasten im Museums-Dachgeschoss, in dem Holzstäbe ausgestellt sind, die fein säuberlich durch eingekerbte Linien in Quadrate oder Rechtecke aufgeteilt sind. In diese sind Zeichen eingeritzt, die wie Hieroglyphen aus der Zeit der ägyptischen Hochkulturen anmuten. Tatsächlich sind es Familienzeichen, erklärt Jens. »Es gab damals viele Analphabeten. Die Holzstäbe waren für alle eindeutig zu verstehen. Jedes Quadrat stand für ein Wasserrecht.«

Noch im 19. Jahrhundert waren die Tesseln, diese archaisch anmutende Form der Rechteverbriefung, als juristisches Dokument gebräuchlich. Mithilfe der Tesseln konnten die Suonenwächter kontrollieren, inwieweit die Geteilen bezugsberechtigt waren und wie viel Frondienst im Gegenzug zu leisten war. Die Hüter der Bewässerungskanäle hatten einen rundum verantwortungsvollen Job, denn sie mussten schauen, dass weder zu viel noch zu wenig Wasser durch die Leitungen floss. Um ihnen ihre Arbeit zu erleichtern, waren in regelmäßigen Abständen

Wasserräder in die Suonen eingebaut, die einen hölzernen Klöppel antrieben. Wofür der gut war, demonstrieren Theres und Jens Paulsen im Garten des Museums, in dem ein Bewässerungskanal aus Holz nachgebaut ist. Jens öffnet einen Schieber, Wasser rinnt durch die handbreite Suone und treibt ein etwa kniehohes Wasserrad an. Mit jeder Berührung durch eine der Schaufelräder wird der seitlich angebrachte Klöppel kurz nach oben bewegt, um dann auf einen im Erdreich verankerten Stein zu treffen. Ein rhythmisches Pang, Pang, Pang entsteht. »Über dieses Klopfgeräusch konnten die Suonenwächter über weite Strecken hören, ob der Wasserfluss passte«, sagt Theres. »Wenn es still war, dann bedeutete es Alarm: kein Wasser«, ergänzt Jens. Das konnte zum Beispiel an einem Felssturz gelegen haben oder an einem Unwetter, das die Leitung mit Schlamm, Ästen und Laub verstopfte. Auch ein zu schnelles Klopfen konnte Gefahr im Verzug

Ist immer noch in Funktion: die Waalschelle neben dem Walliser Suonenmuseum

bedeuten. Denn dann stimmte etwas nicht mit der Zuleitung oder zu viel Wasser drang ungewollt ins System ein oder wurde aufgestaut. So mühsam die Bewässerungskanäle ausgehoben oder zusammengezimmert worden waren, sie waren allesamt anfällig. Bei Suonen aus trogförmig ausgehöhlten und ineinander geschobenen Stämmen waren es die Abdichtungen (meist aus Moos), die ständig gewartet werden mussten. Einfach in die Erde gegrabene Kanäle erodierten leicht und Leitungen aus Holz im felsigen Gelände wurden häufig durch Steinschlag beschädigt. Am stabilsten waren die in Stein gefassten Kanäle, ihr Bau war aber langwierig, aufwendig und teuer. Die Suonenwächter hatten demnach eine äußerst wichtige Funktion für das wirtschaftliche Auskommen und gedeihliche Zusammenleben der Geteilen.

Entwicklung der Walliser Landwirtschaft

Jens führt uns im Museumsgarten zu einem Holzschuppen, der aussieht wie ein Gartenhäuschen. Tatsächlich hängen jede Menge Werkzeuge wie Rechen, Mistgabel und Spitzhacke drinnen, aber auch seltsam anmutende Gerätschaften. Eine davon ist die Wässerplatte, eine Art Schild aus Metall. Sie wird bei Bedarf quer in einen Seitenkanal geschlagen, worauf sich das Wasser staut und in die jeweilige Wiese geleitet werden kann.

Das von den Gebirgsbächen in die Täler abgeleitete Gletscherwasser wirkt wie ein Dünger. Denn die Gletschermilch, also das von den Eisgiganten zerriebene und im Wasser transportierte Gestein, ist voller Mineralien. Fest steht, dass mit dem Erfolg des Suonensystems im Wallis über die Jahrhunderte mehr Viehwirtschaft betrieben wurde und der Getreideanbau zurückging. Denn saftige Wiesen bedeuteten mehr Heu für das Vieh im Winter. »Jeder Haushalt hatte sein Vieh im Sommer auf die Alp gegeben und von Hirten hüten lassen. Das durfte nur so viel sein, wie man dann unten im Tal durch den Winter brachte«, sagt Theres.

Und heute? Mitte des 20. Jahrhunderts nimmt der Bestand der Walliser Viehherden kontinuierlich ab. Es werden mehr Intensivkulturen wie Obst, Gemüse und Wein angebaut. Auch ändert sich die Art der Bewässerung: Sammelbecken werden gebaut, viele Bauern stellen auf Beregnung mit Druckschläuchen um. Infolgedessen drohen viele Suonen zu verfallen. Doch Ende der 1970er-Jahre bekommen die Wasserwege eine neue Bedeutung, an die zuvor keiner gedacht hatte. Wandern wird immer beliebter, zumal an naturbelassenen Wegen und inmitten einer spektakulären Berglandschaft mit Schluchten und Gletscherbächen. Die Suonen bieten abwechslungsreiche Wege, oft angenehm im Schatten und dank des immer präsenten Wassers erfrischend. Auch der Kanton Wallis erkennt nun den touristischen Wert und lässt die Leitungen kartieren und inventarisieren. Sie erhalten damit den Rang eines kantonalen Kulturgutes und können fortan mit öffentlichen Zuschüssen erhalten und erneuert werden.

Das Ergebnis der Studie aus dem Jahr 1993: Es existieren noch 190 Wasserleitungen mit einer Gesamtlänge von 760 Kilometern – in der Blütezeit im 19. Jahrhundert waren es mehr als 1800 Kilometer. Erstaunlicherweise sind 1993 noch 165 in Betrieb, 142 Suonen bewässern Wiesen, 24 Reben, 11 Obstgärten und 9 Spezialkulturen. Immerhin die Hälfte der Suonen sind als Wanderwege ausgewiesen. Wer heute einen Wanderurlaub plant, bekommt vom Walliser Tourismusbüro eine praktische Faltkarte ausgehändigt mit 23 Tourenvorschlägen und kann sich auch auf der Website ein Bild von den Wanderungen machen (www.wallis.ch/suonen). Die meisten weisen kaum Steigungen auf, denn die Erbauer achteten darauf, dass das Wasser von den Gletscherbächen mit möglichst wenig Gefälle zu den Talschaften geführt wurde. Die touristische Karte entspricht ziemlich genau den Wünschen des Ehepaars Paulsen und ihrer ehrenamtlichen Mitstreiter: Der historische Wert der Suonen für die Kulturlandschaft und das Gemeinwesen wird kurz erklärt. Und Tour Nummer 23 führt erst entlang

Wie viel Regen haben wohl die abziehenden Gewitterwolken dem Vinschgau gebracht?

von drei Suonen und endet in Botyre direkt am Walliser Suonenmuseum.

Das erklärte Ziel, das Wissen rund um die Bewässerung, die kulturelle Bedeutung und die sozialen Praktiken international bekannter zu machen, ist mit der UNESCO-Weltkulturerbe-Adelung im Jahr 2023 sicherlich gelungen. Der Klimawandel mit höheren Temperaturen und längeren Trockenperioden lässt den alten Bewässerungsmethoden wieder eine neue Bedeutung zukommen. Denn die traditionelle Rieselbewässerung ist wassersparender als die Beregnung von Flächen und fördert zudem die Biodiversität – trockene und feuchte Lebensräume existieren auf kleinem Raum nebeneinander. Mit dem Verschwinden der Gletscher wird sich gerade im Sommer das Angebot an Wasser in den Alpen gravierend verändern. Auf der anderen Seite verursachen vermehrt auftretende Starkregen lokale Überschwemmungen, die mitunter die Bewässerungssysteme in Mitleidenschaft ziehen.

Das spürt auch Simon Messner in Juval im Vinschgau. Dieser ist, wie das Wallis, ein von parallel verlaufenden Bergketten abgeschirmtes Trockental. Der Sohn der lebenden Bergsteigerlegende Reinhold Messner ist selbst ausgezeichneter Alpinist, verdient sein Geld aber als Landwirt. Eigentlich ist er diplomierter Molekularbiologe, doch hat ihm sein Vater zwei Bergbauernhöfe überschrieben und damit seine

Berufswahl geprägt. »Ich habe das Waal-Wasserrecht mitgeerbt«, erzählt der 35-Jährige. Ohne das Gletscherwasser aus dem Schnalstal, das bei Juval vom Etschtal abzweigt, sei Landwirtschaft kaum möglich, ergänzt er. »Am Sonnenberg, den wir hier mit anderen Bauern bewirtschaften, herrscht ein Steppenklima.«

Doch an dem Tag, an dem wir mit Simon sprechen, sind die Waale, wie die Bewässerungskanäle in Südtirol heißen, abgestellt. Wieder einmal. Der Grund war ein Unwetter mit Starkregen, der die Wasserwege verstopft hat. Auch ohne Unwetter, erzählt der Bergbauer, gebe es in jüngerer Zeit mehr Probleme mit Schlamm in den Leitungen. »Gesteinsabrieb im Gletscherwasser ist normal. Nur haben wir durch die stärkeren Regen mehr Erosion und damit mehr Material in den Waalen«, erklärt er. Im Jahr 2024 gab es zu allem Überfluss drei größere Felsstürze im Schnalstal, die den Wasserweg teilweise beschädigten. »Das Phänomen macht mir Angst«, sagt Simon und spielt auf den tauenden Permafrost im Hochgebirge an, der das Gestein instabiler macht. Solche Ereignisse könne man schwer vorhersagen und sie seien auch nicht versicherbar.

Der Schnalser Waal, im Volksmund auch Tscharser Waal genannt, ist seit dem 15. Jahrhundert in Betrieb. Auch in Südtirol haben die Tourismusplaner die Waalwege längst als Attraktion für Gäste entdeckt. Der Alpinist Simon ist voller Bewunderung für den Mut und die Kühnheit der Bergbauern, die Mitte des 19. Jahrhunderts beispielsweise einen Waal mitten durch eine senkrechte Felswand im Schnalstal verlegt haben. »Das ist schier unglaublich, wie die dort mit Hanfseilen hinkamen. Es zeigt mir jeden Tag, wie wichtig Wasser ist«, sagt er. Heute ist dort ein Klettersteig eingebohrt.

Simon Messner, der viele Sommer seiner Kindheit auf Schloss Juval verbracht hat, erinnert sich daran, dass der Waal früher direkt von einem Gletscherbach abgeleitet wurde. »Das geht seit einiger Zeit nicht mehr, weil zu wenig Wasser fließt«, berichtet er. Zum Glück gebe es einen Nebenbach, den man anzapfen konnte. »In zehn Jahren wird das Gletscherwasser ganz versiegen«, ist er sich sicher. Noch beschäftigt die Genossenschaft aus Landwirten, der auch Simon angehört, einen Waaler, der gemeinsam bezahlt wird. Der Hüter der Wasserwege kümmert sich von Ende April bis Ende Oktober um die Pflege der Waale und um die Zeiten, in denen die Höfe Wasser ableiten dürfen.

Wie er in die Zukunft blickt? Simons blassblaue Augen verengen sich, sein jugendliches Gesicht bekommt einen ernsten Ausdruck. Dann sagt er: »Wenn Bergbauern aus unserer Genossenschaft aufgeben, dann müssen andere mehr Kosten tragen. Das ganze System funktioniert aber nur in der Gemeinschaft.«

WASSER IM WANDEL

Blaue Stunde an der Ötztaler Ache

*Eiskalt und patschnass: Ines Fankhauser
in der Ötztaler Auerklamm*

DAS GEFÜHL DER FREIHEIT

Ines und Klaus Fankhauser haben ihre Liebe zum Wasser zum Beruf gemacht. Im Inntal und im Ötztal bieten sie Rafting und Canyoning an. Und sehen mit Sorge in die Zukunft.

Ein Blick in das Gesicht von Ines Fankhauser und jeder Zweifel, ob die Frau weiß, was sie tut, ist verflogen. Ihre braunen Augen strahlen, die Fältchen in den Augenwinkeln verbreiten gute Laune und ihre Lippen sind zu einem breiten Lächeln geformt. Dabei hat sich die 40-Jährige gerade in einen Neoprenanzug gezwängt – bei Temperaturen um den Gefrierpunkt. Sie wird sich gleich am Ausgang der Auerklamm über einen Wasserfall abseilen, fürs Fotoshooting. Es ist Anfang Dezember, die nächste Canyoning-Saison liegt noch ein paar Monate entfernt. Zeit für Gespräche über den Sport, das Leben als Canyoning-Guide und die Zukunft – und natürlich für eigene Touren in den Schluchten des Ötztals, die jetzt frei sind von Touristen und durch die sie in den Wintermonaten keine Kunden führe. Gemeinsam mit ihrem Mann Klaus betreibt Ines in ihrer Heimatgemeinde Haiming direkt am Inn die Outdoorfirma »Fanky – Guided Sport & Outdoor Experience«. Beide sind staatlich geprüfte Raft- und Canyoning-Führer.

Ein Dream-Team, wenn man so will, das von sich unisono sagt: »Die Liebe zum Wasser hat uns verbunden.« Doch der Weg dahin war für Ines steinig, vielleicht mit den Einschnitten einer Schlucht wie der Auerklamm vergleichbar.

An deren Ende geht es jetzt zu Fuß vom kleinen Ort Ambach aus, nach kaum fünf Minuten ist der letzte Wasserfall des Nederbachs erreicht, bevor er in die Ötztaler Ache mündet. Das Wasser fällt hier circa fünfzehn Meter über einen senkrechten Felsabsturz in ein Becken, das sich der Gebirgsbach über die Zeit selbst geschaffen hat. Ein letzter Adrenalinkick für die Canyoning-

Gruppen, wenn es die Verhältnisse denn hergeben. Ines steigt auf einem drahtseilversicherten Pfad zum Abseilpunkt auf, Klaus beobachtet das Shooting von unten. Ein Seil wird nach unten geworfen, Ines schreit von oben »Reicht es?« und bekommt postwendend die Bestätigung. Sie zieht trotz des eiskalten Wassers keine Handschuhe an, so hat sie mehr Gefühl am Seil. Nach der Fotosession wird Klaus ihre Hände in den seinen wärmen, denn Ines verharrt für ein paar Einstellungen mitten im Wasserfall. Wasser tropft von ihrem Helm, ihrer Nase und ihrem Kinn, ihr Lächeln ist jetzt noch breiter geworden.

High-End-Leben eingetauscht

»Egal, wie groß die Probleme sind, ich gehe in eine Schlucht, spüre das Wasser und alles fällt von mir ab. Es ist ein Gefühl absoluter Freiheit«, sagt sie später bei einem Cappuccino in der Dorfbäckerei. Klaus' Liebeserklärung ans Wasser ist nicht minder schön. »Ich mag die Masse des Wassers. Es schüttelt dich hin und her, schmeißt dich herum«, sagt er ehrfürchtig. »Gegen das Wasser bist du nichts.« Rafting sei immer wieder eine Herausforderung, man müsse ständig auf die Naturgewalten reagieren, schnell sein. »Du kannst dich nur immer neu anpassen«, erklärt der 39-jährige Raft-Guide, der Ines bei seiner Canyoning-Ausbildung kennengelernt hat. Sie absolvierte das Erste-Hilfe-Audit, simulierte bei einer Übung das Opfer, er musste sie retten. 2010 war das, seit 2020 sind sie verheiratet. Wenn man so will, dann war Ines vorheriges Leben eine Tour de Force durch wildes Gewässer. Der Vater stellte sie schon als Einjährige auf die Ski, später besuchte sie das Schigymnasium Stams und war drauf und dran, eine Karriere als alpine Rennläuferin hinzulegen. Eine schwere Verletzung bremste sie aus. Ines wechselte die Seiten und arbeitete am Arlberg als staatlich geprüfte Skilehrerin. Prince und Princess De Luxembourg waren ihre Gäste, sie freundete sich mit dem Paar an. Später betreute sie das Haus der großherzoglichen Familie und trainierte deren Kinder im Skifahren.

Seit den 1980er-Jahren bieten kommerzielle Anbieter Rafting auf der Ötztaler Ache an.

Nur im Winter bei Niedrigwasser fließt die Ötztaler Ache so ruhig dahin.

Gerade an heißen Sommertagen toben gewaltige Mengen an Schmelzwasser die Gurgler Ache hinunter.

»Das High-End-Leben war aber doch nicht meins«, sagt sie rückblickend. Ines zog sich aus dem Adelsleben zurück, aus den Bergen jedoch nicht. 2013 riss sie in Zürs in den Lechtaler Alpen eine Lawine mit und verschüttete sie zum Teil. »Ich hatte einen Fehler gemacht«, sagt sie selbstkritisch. Einen, der sie wegen ihrer schweren Verletzungen ein Jahr aus dem Leben riss.

Wechsel in weniger wilde Gewässer

Danach widmete sich Ines umso mehr ihrer zweiten Leidenschaft: dem Canyoning. Schon 2006 hatte sie die Ausbildung zur Schluchtenführerin gemacht und in den Sommern Gruppen geführt. Nach dem Ende als Skilehrerin stieg sie in den Extremsport Canyoning ein. Sie arbeitete Montag bis Mittwoch bei einem Supermarkt und suchte Donnerstag bis Sonntag das Abenteuer. Hochwasserschluchten, Eisschluchten – je schwieriger, desto besser. Sie trainierte wie wild und versuchte sich an den »Big Five«, fünf großen Schluchten in den Tessiner Alpen. Eine davon im Val Lodrino nennt sie ihr »Königsprojekt«, es war fast eine Sucht. »Mir wurde bewusst, dass es bei jeder Tour das Risiko gibt, nicht mehr zurückzukehren.«

Und dann kam Klaus in ihr Leben. Seither meidet sie hochriskante Projekte. »Wenn ich weiß, dass jemand auf mich wartet, dann bin ich nicht mehr hundertprozentig fokussiert«, sagt Ines und meint damit: Es gibt Wichtigeres im Leben, als eine Schlucht extrem zu begehen. Ines stieg in Klaus' Firma ein, sie ergänzten sich auch in ihren Lieblingssportarten. Beim Rafting sorgt er für Gruppenerlebnisse, sie beschert den Kunden beim Canyoning individuelle Abenteuer. Jetzt sind sie gemeinsam Unternehmer – und blicken auch deshalb mit Sorge auf die Wasserkraftprojekte in und um das Ötztal.

Klaus liebt den Inn und die 14 Kilometer lange Raftingstrecke, die er in- und auswendig kennt. »Von Mai bis Oktober hat der Fluss Wucht. Wenn du ihm die nimmst, dann ist das Erlebnis nicht mehr das Gleiche«, befürchtet er und spielt auf das Kraftwerksprojekt Imst-Haiming an, das gerade eine gerichtliche Hürde genommen hat und im Jahr 2030 fertiggestellt sein wird. Zwar verkündet die TIWAG, es sei »in enger Abstimmung mit dem Tiroler Raftingverband eine gewässerökologisch verträgliche Wasserabgabe vorgesehen«, aber Klaus traut dem Versprechen nicht. Als Negativbeispiel nennt er die Finstermünz und Tösener Schlucht, die durch Kraftwerksableitungen kaum bis gar nicht mehr befahrbar seien, und die Achstürze im Ötztal, ein Naturschauspiel, das durch ein neues Kraftwerk oberhalb zerstört sei. »Für eine starke Lobbyarbeit sind wir zu klein«, meint er. Und das, obwohl seiner Einschätzung nach allein ins vordere Ötztal jährlich »mehrere Zehntausend Leute fürs Canyoning und Rafting kommen und für einige Millionen Euro Umsatz in der Region sorgen«.

Ines schließt die Augen, sie senkt den Kopf, ihre schulterlangen Rasterzöpfe baumeln vor ihrem noch von der Kälte des Wasserfalls geröteten Gesicht. Dann schaut sie auf, ihr Blick ist klar und bestimmt. »Das ist keine grüne Energie«, sagt sie. »Warum nutzt man nicht die eh schon verbauten Flächen und lässt die Natur anderswo in Frieden?«, fragt sie. Sie wünscht sich eine Welt, die sich mit weniger begnügt. Und dadurch reicher wird.

Blick von der Wellerbrücke auf die Wassermassen der Ötztaler Ache

Die Sonnschienhütte (1523 m), 1920 eröffnet und erst jüngst modernisiert, ist alpenweit eine von zwei Hütten mit Wasserstoff-Pilotanlagen zur Stromerzeugung.

AM ENDE KOMMT DER WASSERSTOFF

Das große Ziel vieler Berghütten ist es, energieautark zu werden. Mit Photovoltaik allein gelingt das nicht, Wasserstoff kann die Lücke schließen. Auf der Müllerhütte (3145 m) in Südtirol und der Sonnschienhütte (1523 m) in der Steiermark laufen dazu zwei Pilotprojekte.

Spektakulärer könnte die Szenerie kaum sein. Drei Männer stehen auf einer kleinen, mit Eisengittern bewehrten Plattform, sie tragen Schutzhelme und Ohrenschützer. Um sie herum nur Gletscher, schneebedeckte Gipfel und dunkle Felsabbrüche. Konzentriert blicken sie auf ein sorgfältig zusammengeschnürtes Riesenpaket, das langsam auf sie zuschwebt. Über ihnen dröhnen die Rotoren des Lastenhelikopters. Der Pilot steuert die teure Fracht zentimetergenau auf die Plattform zu, auf der die drei Techniker kurz darauf die Tragseile lösen und das Material aus dem Gitterkäfig auspacken können. Hochtechnologische Geräte inmitten einer lebensfeindlichen Hochgebirgswelt. Eigentlich ist die Müllerhütte Hochtourengehern vorbehalten, allein der Zustieg zur Hütte dauert je nach Aufstiegsvariante zwischen 5 und 8 Stunden und führt in jedem Fall über Gletschereis. Die umliegenden Gipfel wie Wilder Freiger, Zuckerhütl, Wilder Pfaff und Sonklarspitze messen alle um die 3500 Meter. Doch dafür haben die Techniker an diesem sonnigen Tag im Oktober 2022 keine Augen. Sie wollen ein Pilotprojekt ins Laufen bringen, das zuvor noch nie in dieser Höhe getestet wurde: eine Anlage, die per Elektrolyse Gletscherwasser in Wasserstoff und Sauerstoff spaltet, den Wasserstoff anschließend speichert und bei Bedarf über eine Brennstoffzelle zur Stromproduktion aktiviert. Der Strom, der für die Elektrolyse benötigt wird, kommt von der neuen PV-Anlage der Hütte, die so steil am Hang befestigt wurde, dass der Schnee abrutscht und sie dadurch ganzjährig Strom liefern kann.

Ökostrom nutzen, um daraus später anders produzierten Ökostrom zu gewinnen – das klingt erst einmal widersinnig. Doch der Strom aus grünem Wasserstoff kommt nur dann zum Einsatz, wenn die Solarmodule bei Schlechtwetter zu wenig Strom liefern. Es ist ein komplementäres System, das so lange im Hintergrund arbeitet, bis es eben gebraucht wird. Die Vision, welche die Firmen GKN Hydrogen und Prowatech mit ihrer Anlage umtreibt, sind CO_2-freie Hütten. Denn weder bei der Elektrolyse noch in der Brennstoffzelle entsteht das Treibhausgas Kohlendioxid. Und das Ziel Klimaneutralität geben inzwischen alle Alpenvereine aus, der DAV bis zum Jahr 2030, der ÖAV bis 2033, und auch der Südtiroler Alpenverein bekennt sich zum Klimaschutz und peilt das Jahr 2040 für die Null-CO_2-Bilanz an.

Gründe für das Pilotprojekt

Aber warum die auf mehr als 3000 Metern gelegene Müllerhütte, die der Autonomen Provinz Bozen-Südtirol gehört, als Pilot? Zum einen muss das Haus dringend saniert werden, die schmelzenden Gletscher machen eine geregelte Wasserversorgung schwieriger, da das Wasser voller Schwebstoffe ist. Doch vor allem die große Höhe reizte die Südtiroler Firma GKN Hydrogen. »Wenn wir es dort oben schaffen, dann funktioniert es überall«, sagt Projektleiter Daniel Oberschmied. Zwei Winter hat die Anlage schon schadlos überstanden, berichtet Oberschmied. Trotz der dünnen Luft hätten auch die Brennstoffzellen ausreichend Strom roduziert. »Für uns ein Meilenstein«, bilanziert r Projektleiter und denkt groß in die Zukunft: ropaweit gibt es etwa 3000 Berghütten, on die Hälfte noch ein Dieselaggregat hat«, er. Viele potenzielle Projekte also für Klimalität.

der für die Elektrolyse benötigt wird, kommt von der neuen PV-Anlage der Hütte, die so steil am Hang befestigt wurde, dass der Schnee abrutscht und sie dadurch ganzjährig Strom liefern kann.

Ökostrom nutzen, um daraus später anders produzierten Ökostrom zu gewinnen – das klingt erst einmal widersinnig. Doch der Strom aus grünem Wasserstoff kommt nur dann zum Einsatz, wenn die Solarmodule bei Schlechtwetter zu wenig Strom liefern. Es ist ein komplementäres System, das so lange im Hintergrund arbeitet, bis es eben gebraucht wird. Die Vision, welche die Firmen GKN Hydrogen und Prowatech mit ihrer Anlage umtreibt, sind CO_2-freie Hütten. Denn weder bei der Elektrolyse noch in der Brennstoffzelle entsteht das Treibhausgas Kohlendioxid. Und das Ziel Klimaneutralität geben inzwischen alle Alpenvereine aus, der DAV bis zum Jahr 2030, der ÖAV bis 2033, und auch der Südtiroler Alpenverein bekennt sich zum Klimaschutz und peilt das Jahr 2040 für die Null-CO_2-Bilanz an.

Gründe für das Pilotprojekt

Aber warum die auf mehr als 3000 Metern gelegene Müllerhütte, die der Autonomen Provinz Bozen-Südtirol gehört, als Pilot? Zum einen muss das Haus dringend saniert werden, die schmelzenden Gletscher machen eine geregelte Wasserversorgung schwieriger, da das Wasser voller Schwebstoffe ist. Doch vor allem die große Höhe reizte die Südtiroler Firma GKN Hydrogen. »Wenn wir es dort oben schaffen, dann funktioniert es überall«, sagt Projektleiter Daniel Oberschmied. Zwei Winter hat die Anlage schon schadlos überstanden, berichtet Oberschmied. Trotz der dünnen Luft hätten auch die Brennstoffzellen ausreichend Strom produziert. »Für uns ein Meilenstein«, bilanziert der Projektleiter und denkt groß in die Zukunft: »Europaweit gibt es etwa 3000 Berghütten, wovon die Hälfte noch ein Dieselaggregat hat«, sagt er. Viele potenzielle Projekte also für Klimaneutralität.

AM ENDE KOMMT DER WASSERSTOFF

Das große Ziel vieler Berghütten ist es, energieautark zu werden. Mit Photovoltaik allein gelingt das nicht, Wasserstoff kann die Lücke schließen. Auf der Müllerhütte (3145 m) in Südtirol und der Sonnschienhütte (1523 m) in der Steiermark laufen dazu zwei Pilotprojekte.

Spektakulärer könnte die Szenerie kaum sein. Drei Männer stehen auf einer kleinen, mit Eisengittern bewehrten Plattform, sie tragen Schutzhelme und Ohrenschützer. Um sie herum nur Gletscher, schneebedeckte Gipfel und dunkle Felsabbrüche. Konzentriert blicken sie auf ein sorgfältig zusammengeschnürtes Riesenpaket, das langsam auf sie zuschwebt. Über ihnen dröhnen die Rotoren des Lastenhelikopters. Der Pilot steuert die teure Fracht zentimetergenau auf die Plattform zu, auf der die drei Techniker kurz darauf die Tragseile lösen und das Material aus dem Gitterkäfig auspacken können. Hochtechnologische Geräte inmitten einer lebensfeindlichen Hochgebirgswelt. Eigentlich ist die Müllerhütte Hochtourengehern vorbehalten, allein der Zustieg zur Hütte dauert je nach Aufstiegsvariante zwischen 5 und 8 Stunden und führt in jedem Fall über Gletschereis. Die umliegenden Gipfel wie Wilder Freiger, Zuckerhütl, Wilder Pfaff und Sonklarspitze messen alle um die 3500 Meter. Doch dafür haben die Techniker an diesem sonnigen Tag im Oktober 2022 keine Augen. Sie wollen ein Pilotprojekt ins Laufen bringen, das zuvor noch nie in dieser Höhe getestet wurde: eine Anlage, die per Elektrolyse Gletscherwasser in Wasserstoff und Sauerstoff spaltet, den Wasserstoff anschließend speichert und bei Bedarf über eine Brennstoffzelle zur Stromproduktion aktiviert. Der Strom,

Das weitläufige Revier der Sonnschienalm. Blick zum Hauptkamm des Hochschwab-Massivs

Oben: Nur vom Hüttenwirt bedienbar: Hightech im Keller der Sonnschienhütte. Rechts: Auch auf der Müllerhütte (3148 m) steht eine Wasserstoff-Versuchsanlage. Die notwendige Energie dazu liefert die Sonne.

Heidi Wettstein, seit 19 Jahren Wirtin der Müllerhütte, kennt die projektierenden Firmen und ihre Ambitionen. »Die machen schon lange solche Anlagen und wollten sie unter extremen Bedingungen testen«, sagt sie. Dünne Luft, Sturm und Hagel, im Winter meterweise Schnee und Temperaturen bis zu minus 30 Grad Celsius – die Bedingungen sind hart. Etwa eine Million Euro hat die Spezialanfertigung der Wasserstoffanlage laut GKN Hydrogen gekostet.

Die Hüttenchefin, die von Mitte Juni bis Mitte September oben ist, zieht eine positive Zwischenbilanz. »Dank der neuen PV-Anlage hatten wir Strom ohne Ende«, sagt sie, »und es wird laufend Wasserstoff produziert.« Die zwölf Elektrolyse-Einheiten hätten weitgehend problemlos gearbeitet, »ein oder zwei sind mal ausgefallen«, berichtet Wettstein, die natürlich nicht selbst Hand anlegen muss. Das System funktioniert vollautomatisch, die Techniker kontrollieren die

Wasserstoffanlage von Bruneck aus per Fernsteuerung – so zumindest der Anspruch. »Wenn sie das Problem nicht vom Tal aus lösen können, dann müssen sie mit dem Heli rauf«, sagt Wettstein. Und das sei schon ein paarmal vorgekommen. Zwar sei die Hütte jetzt energieautark und brauche das Dieselaggregat in Schlechtwetterphasen nicht mehr. »Aber wir haben früher auch nicht viel Diesel verbraucht. 750 Liter, das bedeutete einen Hubschrauberflug«, rechnet die Wirtin vor. Das Dieselaggregat sei »praktisch wartungsfrei«, während moderne Elektronik anfällig sei. Wettstein räumt aber ein, dass sich ihre Arbeit seit der neuen Wasserstoffanlage »enorm erleichtert« hat. »Wir müssen nicht überlegen, ob die Sonne ausreichend scheint, wenn wir die Spülmaschine oder Waschmaschine einschalten wollen«, sagt sie. Dennoch bleibt sie in puncto Nachhaltigkeit skeptisch. Gerade weil nun mehr Strom zur Verfügung sei, verbrauche man auch mehr.

Die Hüttengäste bekommen von der technischen Aufrüstung der Müllerhütte wenig mit. Die Wasserstoffanlage ist in einem Metallcontainer untergebracht, der sich etwa zwanzig Meter unterhalb der Hütte auf einer aufgeständerten Plattform in den Felshang duckt. Der Prozess der Elektrolyse verläuft geräuschlos, nur etwa 20 Liter Wasser benötigt die Anlage pro Tag, und die kommen aus dem Wassertank der Hütte. Der entstehende Sauerstoff wird in die Luft entlassen, der gasförmige Wasserstoff kommt in einen sogenannten Metallhydridspeicher und geht dort eine chemische Verbindung mit gepressten Metallpartikeln ein – das alles unter Niederdruck. Etwa 30 Tage dauert es, bis die Speicher voll sind. Nachdem die Müllerhütte erst Mitte Juni öffnet und die Anlage schon im Mai ihre Produktion aufnimmt, sind die Wasserstoffspeicher dann schon gefüllt. Die reichen bei einem durchschnittlichen Verbrauch von 40 Kilowattstunden für 25 Tage und damit lang genug, um Schlechtwetterperioden zu überstehen. Wenn der Wasserstoff zur Stromproduktion gebraucht wird, wird die Umgebungstemperatur im Speicher deutlich erhöht, sodass er sich aus der Verbindung wieder löst. Im Winter versetzen die Techniker die Anlage in einen inaktiven Modus, Solarstrom sorgt dafür, dass die Temperatur im Container bei mehr als 5 Grad Celsius bleibt. So nimmt die Anlage keinen Schaden.

Umweltsiegel garantiert

Mit derlei Herausforderungen muss sich die Sonnschienhütte in der Steiermark nicht herumschlagen. Das Haus liegt am Hochschwab auf nur 1523 Metern und ist bis auf zwei vierwöchige Ruhepausen ganzjährig geöffnet. Seit 2024 verfügt die Hütte ebenfalls über eine Wasserstoffanlage, die im Zuge einer Generalsanierung in das Energiekonzept integriert wurde. »Wir haben die Hütte erst 2018 übernommen und wollten für sie auch das Umweltsiegel des Alpenvereins erlangen«, berichtet Marie-Luise Eckelsberger. Sie ist beim Alpenverein Austria, der Gründungssektion des Österreichischen Alpenvereins, für die Öffentlichkeitsarbeit zuständig und freut sich über das Pilotprojekt im DACH-Raum, der die Alpenvereine Deutschlands, Österreichs und der Schweiz umfasst. Ähnlich der Südtiroler Müllerhütte speist die Wasserstoffanlage auf der Sonnschienhütte immer dann Strom ins Hausnetz ein, wenn der Solarstrom nicht ausreicht. »Das Dieselaggregat ist nur noch für den Notfall da«, sagt Eckelsberger.

Bereits auf der Gewinnerseite

Nach einem Jahr Probebetrieb scheint die Anlage weitgehend fehlerfrei zu funktionieren. Beim Speichern des Wasserstoffs setzt sie laut der ausführenden Firma HydroSolid aus Niederösterreich auf Nanotechnologie aus der Raumfahrt. Das Nanomaterial binde den Wasserstoff bei Raumtemperatur auf atomarer Ebene und gebe ihn schon bei leichter Erwärmung wieder ab. Zur Lagerung reiche ein Druck von 15 bar. HydroSolid zufolge werden im Speicher keine seltenen Erden, Lithium oder Kobalt eingesetzt, er ist komplett recycelbar. Die Anlage auf der Sonnschienhütte ist um ein Vielfaches günstiger als auf der Müllerhütte: 158 000 Euro betrug die Investition als ein Baustein der energetischen und thermischen Sanierung des Hauses, die insgesamt circa eine Million Euro betrug und vom Österreich und der EU bezuschusst wurde.

Das noch junge Projekt auf der Sonnschienhütte hat bereits mehrere Preise gewonnen: den »Energy Globe Styria Award 2024« in der Kategorie Newcomer und den von der Österreichischen Gesellschaft für Umwelt und Technik verliehenen Sonderpreis »Erneuerbare Energie« des Jahres 2024. Weil man auf den Dieselgenerator verzichten konnte, seien mehr als 15 Tonnen CO_2 eingespart worden. Das mediale Echo auf die Preisverleihungen bezeichnet Marie-Luise Eckelsberger als »sehr vielversprechend«. Sie ist sich sicher: »Wenn sich die Wasserstoffanlage über längere Zeit bewährt, dann wird unser Pilotprojekt Schule machen.« Anfragen anderer Sektionen gebe es bereits.

Dämmerstunde über der Sonnschienhütte

Felix Neureuther in der in Jahrmillionen aus dem Granit geschliffenen, tosenden Schlucht von Ponte Brolla

DAS DACH DER DÄCHER

Der neue Präsident der Internationalen Alpenschutzkommission CIPRA, Uwe Roth, will die Alpen als einzigartigen Natur- und Kulturraum erhalten. Die Macht der CIPRA besteht vor allem darin, Naturschutzverbände und NGOs zu koordinieren und Interessen zu bündeln. Roth will stärker auf Social Media setzen und die CIPRA wieder politischer machen.

Wie geht es den Alpen aktuell?
Wir sind an einem Scheidepunkt. Jetzt entscheidet sich, wie es den Alpen in naher und mittlerer Zukunft gehen wird. Das ist beim Thema Klimawandel so, der die Alpen sehr stark trifft. Mit dem Gletscherschwund werden Fakten geschaffen, die nicht nur visueller Natur sind. Berge kommen im Wortsinn in Bewegung. Im Tourismus sehen wir weiterhin Konzentrationsprozesse, also die sogenannten Hotspot-Problematiken, Schlagwort Overtourism. Der Verkehr in den Alpen wird stetig mehr, die Alpentäler werden aber nicht breiter. Wir müssen uns stark machen, dass die Verlagerung auf die Schiene funktioniert. Aktuellstes Thema ist die Energiewende im Spannungsfeld Klima- versus Naturschutz. Beide konkurrieren um die gleichen Flächen.

Gibt es dazu eine offizielle CIPRA-Meinung?
Die klassischen Naturschutzorganisationen zerreißt es bei dem Thema förmlich. Einerseits ist allen bewusst, dass die Klimakrise die größte Gefährdung auch für den Naturschutz ist. Andererseits haben wir als dicht besiedelter Kontinent nur noch wenige Rückzugsgebiete, und viele von denen sind in den Alpen. Das Thema Wasserkraft kocht nicht nur in Tirol hoch. Auch in Oberstdorf im Allgäu werden Pläne aus den Schubladen geholt. Mit der bayerischen Brille betrachtet, geht es um die wertvollsten Fließgewässer, die

wir noch haben. Auf EU-Ebene wurde den erneuerbaren Energien erhöhtes öffentliches Interesse zugesprochen und gleichgesetzt mit Landesverteidigung und öffentlicher Gesundheit. Auch als Reaktion auf den russischen Angriffskrieg.

Was heißt das konkret?

Das heißt, dass jetzt sogar ein Naturschutzgebiet nicht mehr unantastbar ist. Wir als CIPRA lassen gerade überprüfen, ob solche Projekte mit der Alpenkonvention vereinbar wären. Wir stellen die »Renewable Energy Directive« in Bezug auf sensible Gebiete in den Alpen infrage und sind ganz guter Dinge, dass sich die Alpenländer spezifische Umsetzungsrichtlinien überlegen müssen. Denn die ganzen Erneuerbare-Energie-Projekte müssen keine Umweltverträglichkeitsprüfung mehr nachweisen, was ein großer Rückschritt wäre. Die Alpenkonvention verlangt aber UVPs. Sie ist als völkerrechtlicher Vertrag, den auch die EU unterzeichnet hat, das höherwertige Recht. Wenn wir uns hier durchsetzen, wäre das ein Paukenschlag.

Ist die Energiewende Frevel an der Natur?

Lange Zeit wurde sie als Ökoprojekt gesehen. Das ist sie aber nicht mehr. Für den Start hat es die Ökos gebraucht. Jetzt wird es mehr und mehr ein industrielles Projekt, denn die Industrie benötigt den Strom und wir als Konsumenten benötigen ihn für die Produkte der Industrie, seien es Elektroautos oder andere Güter. Für einen gesunden politischen Abwägungsprozess brauchen wir wieder kritische Naturschutzverbände, die sich zu 100 Prozent für die Belange der Natur einsetzen. Der andere Player sind die Versorgungsunternehmen, die sich dem Energiehunger der modernen Gesellschaft verpflichtet sehen. Dann streiten wir uns und heraus kommt am Ende ein Kompromiss.

Die Konkurrenz ums Wasser gibt es in den Alpen schon sehr lang. In Zukunft wird sie immer häufiger ein Spannungsfeld von zu wenig und zu viel Wasser. Wie bezieht die CIPRA hier Stellung?

Zwischen Tag und Traum. Erste Sonnenstrahlen über der Isar

Politisch gesehen beziehen wir uns zum Beispiel auf die Wasserrahmenrichtlinie der EU. Sie ist ein wichtiges Tool für uns. Der aktuelle Zustand eines Fließgewässers darf sich laut Richtlinie nicht verschlechtern. Insofern ist hier auch der Klimawandel mit eingepreist, denn der wirkt sich ja auch auf die Gewässer massiv aus.

Die CIPRA hat zum heiß diskutierten Thema Wasserkraft im Sommer 2021 ein Positionspapier verfasst. Gilt die restriktive Position noch, möglichst wenig neue Kraftwerke zu bauen?
Ja, unser Standpunkt ist klar: Politik und Wirtschaft werden aufgerufen, möglichst viel Energie einzusparen, statt immer mehr Kilowattstunden zu produzieren. Bestehende Kraftwerke müssen saniert werden, bevor neue gebaut werden. Und intakte Flüsse und Flussabschnitte sind tabu.

Die schönste Orchidee der Alpen: der Frauenschuh

Wird die CIPRA unter Ihrer Führung wieder radikaler?
Wenn wir NGOs nicht mehr die Anwälte der Natur sind, dann hat sie keine mehr.

Welche Früchte hat die Arbeit der CIPRA bislang getragen?
Die Alpenkonvention war das große Ziel von Beginn an. Als sie in den 1990er-Jahren Realität wurde, stand die Frage im Raum: Haben wir alles erreicht, war es das, können wir zufrieden den Laden zusperren?

Und?
Es zeigte sich schnell, dass die Umsetzung eine ganz andere Geschichte ist. Die CIPRA ist ja der Wächter über die Konvention, also der Hüter des Vertragswerks.

Zwischen Anspruch und Wirklichkeit klafft eine große Lücke.
Ich finde es manchmal ziemlich frustrierend, wie wenig die Konvention letztendlich gebracht hat, und wie zahnlos dieser völkerrechtliche Vertrag in vielen Punkten ist. Wer sich mit den Inhalten näher beschäftigt, merkt schnell, dass es vollkommen ausgeschlossen wäre, sich heute über so viele Ländergrenzen hinweg nochmals auf die Ziele der Alpenkonvention zu einigen.

Weil sie radikal waren?
Genau. Die Alpenkonvention war ein großer Wurf. Man rätselt heute noch, ob es an der Aufbruchstimmung nach der Wende lag. Es war die Zeit eines neuen Multilateralismus.

Wo greift die Alpenkonvention ohne Abstriche?
Es dürfen keine hochrangigen, alpenquerenden Straßen mehr gebaut werden. Weitere Autobahnen sind also tabu. Ohne die Konvention hätten wir heute die Alemannia als Verbindung aus dem Friaul nach Norden. Es gibt noch ein paar weitere scharfe Schwerter der Alpenkonvention, die ansonsten vor Absichtserklärungen überquillt.

Mit Fernglas und Vogelbestimmungsbuch an der Isar: Uwe Roth

Welche Schwerter meinen Sie?
Ein Beispiel: Schutzgebiete dürfen nicht in ihrem Schutzzweck eingeschränkt werden, Artikel 11, Naturschutzprotokoll. Das ist ein großes Ding. Es verhindert auch Schutzgebietsverkleinerungen. Gerade in Österreich gibt es Beispiele, in denen die Alpenkonvention Wirkung gezeigt hat.

Ist das Vertragswerk ausbaufähig?
Kurioserweise ist das Thema Wasser ausgespart geblieben. Es gibt kein Wasserprotokoll, obwohl es essenziell wäre. Vermutlich ist damals nach acht verabschiedeten Protokollen der Verhandlungswille ausgegangen. Zweimal im Jahr tagt der Ständige Ausschuss der Alpenkonvention mit Vertretern aller Mitgliedsländer. Den Delegierten sind die Lücken zwar bewusst. Aber sie wissen, dass sie beispielsweise ein Wasserprotokoll, das den Namen verdient, niemals durchkriegen werden – in ihren eigenen Regierungen.

Für viele Tourismusorte ist eine Wintersaison ohne künstliche Beschneiung kaum vorstellbar. Man möchte den Gästen auf Knopfdruck Wintersport ermöglichen. Ist das sinnvoll oder anachronistisch?
Das Problem ist, dass angesichts der Klimakrise und der unregelmäßigeren Niederschläge immer größere Becken notwendig werden, um das darstellen zu können, was diese Gemeinden an Skizirkus bieten wollen. Solange Schneekanonen, wie in Bayern, staatlich bezuschusst werden, ist eine Umkehr wenig wahrscheinlich.

Wird hier ein totes Pferd weitergeritten?
Ich fürchte schon. Und man erweist den Regionen einen Bärendienst, weil man sie in Sicherheit wiegt, dass es einfach so weitergeht. Dadurch wird der notwendige Strukturwandel immer weiter hinausgeschoben. In Deutschland gibt es die Seilbahnförderrichtlinie, über die Moderni-

sierungen von Seilbahnen mit bis zu 35 Prozent gefördert werden. Wenn ein Drittel der Steuerzahler zahlt, ist die Kalkulation eine ganz andere, als wenn der Markt regulieren würde. Wenn wir das Steuergeld in die Hand nehmen würden, auf dass sich die Regionen der Zukunft widmen, dann wäre mehr geholfen.

Die Zeit drängt. Die Erwärmung schreitet fort. Sollten 4 Grad Celsius mehr erreicht werden gegenüber dem vorindustriellen Zeitalter, würde es an vielen Stellen in den Alpen viel gefährlicher werden. Stichwort Bergstürze, Murgänge. Wie bereitet sich die CIPRA auf solche Szenarien vor?

Wir sind alle notorische Optimisten, sonst wäre es sehr schwer auszuhalten. Wir verstehen die ernste Lage als Antrieb, Leute aufzurütteln. Wir fokussieren uns nicht auf Szenarien, was wäre, wenn die Temperatur um so und so viel Grad ansteigt. Da würden wir uns auf dünnes Eis begeben. Wir fahren eher auf Sicht.

Wer genau hinschaut, sieht einen gewaltigen, weltweiten Hurrikan aufziehen.

Sofia Farina, ein früheres CIPRA-Vorstandsmitglied und Klimatologin aus Italien, war bei der Weltklimakonferenz in Baku dabei. Sie hat uns auf dem Laufenden gehalten und sozusagen zurückgeholt auf den Boden der Tatsachen: dass das 1,5 Grad-Ziel außer Reichweite gelangt, dass die Liste der möglichen Kipppunkte gleichzeitig wächst. Dennoch darf uns das nicht in Frustration stürzen. Ich möchte etwas tun. Jetzt.

Die globale Umwälzung durch den Klimawandel ist insofern neu, weil die Krise die ganze Menschheit betrifft.

Wir sind in einer globalisierten Welt, auch schon allein deshalb wird es keine dauerhaften Profiteure der Klimakrise geben. Wir sitzen alle in diesem einen Boot, keiner kann einfach aussteigen. Entweder wir kriegen gemeinsam das Steuer noch herumgerissen oder wir kentern gemeinsam.

Letzte Sonnenstrahlen an der Isarburg bei Lenggries

Letzte Schneeschauer im April. Stimmungsvolles Ende einer Skisaison am Kitzsteinhorn

SYSTEMWECHSEL

Der Temperaturanstieg bringt immer mehr Skigebiete unter Zugzwang. Selbst mit Schneekanonen lässt sich der Betrieb oft nicht mehr wirtschaftlich darstellen. Höher gelegene Gebiete werden profitieren, vielerorts bahnt sich aber ein Strukturwandel an.

Auf seiner »Klimakonferenz 2025« Anfang April vermeldete der Deutsche Wetterdienst (DWD) einen neuen Rekord: Mit einer durchschnittlichen Temperatur von 10,9 Grad Celsius war 2024 das bislang wärmste Jahr in Deutschland seit Beginn der Messungen im Jahr 1881. Wissenschaftler neigen eigentlich zu einer eher nüchternen Sprache, doch Dr. Andreas Becker, Leiter Klimaüberwachung des DWD, fasste seine Analyse in drastische Worte. »Erschreckend ist vor allem, dass der alte Rekord aus 2023 gleich um 0,3 °C übertroffen wurde. Das ist aus klimatologischer Sicht absolut außergewöhnlich!« Die sechsseitige Zusammenfassung der wichtigsten Ergebnisse der Datenanalyse bietet auch sonst wenig Grund zur Freude. Deutschland hat sich im Vergleich zur frühindustriellen Zeit bereits um 2,5 Grad erwärmt. Und das Aufheiztempo ist in den letzten Jahrzehnten immer höher geworden. Wie der DWD berichtet, liegt der Temperaturanstieg seit den 1970er-Jahren bei 0,41 Grad pro Dekade. Betrachtet man den Gesamtzeitraum seit 1981, sind es lediglich 0,13 Grad im Zehnjahreszeitraum – die Geschwindigkeit hat sich also mehr als verdreifacht. »Die Folgen dieses beschleunigten Klimawandels sind für Deutschland schon heute gravierend«, bewertet Tobias Fuchs, Vorstand Klima und Umwelt des nationalen Wetterdienstes, die Klimafakten.

Das gilt umso mehr für Bergregionen wie die Alpen, in denen die Temperatur – vor allem bedingt durch die intensivere Einstrahlung auf die Hänge – noch stärker steigt als im Flachland. Wissenschaftler gehen etwa von doppelt so hohen Werten aus. Mit den schmelzenden Gletschern nimmt die Dynamik noch zu, denn

Felix Neureuther unter den mittlerweile abgeschmolzenen Resten der Gletscherzunge des Rettenbachferners – ein historisches Foto

Eis und Schnee reflektieren das Sonnenlicht, kühlen also die Umgebung ab. Wenig Anlass zum Zurücklehnen bietet auch der »Zweite Gletscherbericht«, den das Bayerische Umweltministerium im Frühjahr 2021 herausgegeben hat. Er basiert auf den Forschungsergebnissen der Bayerischen Akademie der Wissenschaften und heißt treffenderweise »Zukunft ohne Eis. Klimawandel in den Alpen«. Zum Schluss der 27-seitigen Expertise, die man im Internet kostenlos herunterladen kann, werden die wichtigsten Fakten zusammengefasst. »Auf der Basis aller bisherigen Messungen und Prognosen ist es sehr wahrscheinlich, dass in Bayern ab 2030 nur unscheinbare Reste der ehemaligen Gletscher zu finden sind«, heißt es. Und: »Zwischen 2060 und 2100 werden in den Alpen Gletscher nur noch in den höchstgelegenen Regionen vorkommen bzw. Restgletscher ehemaliger großer Gletscher existieren. Wann das letzte Eis verschwindet, hängt davon ab, ob wir unsere Treibhausgasemissionen reduzieren können.«

Rückbau niedrig gelegener Skigebiete

Skifahren ade? Wintersport nur noch dort, wo Schnee liegt, beziehungsweise bei ausreichend kalten Temperaturen produziert werden kann? Manche Alpenregionen haben schon vor Jahren reagiert und Liftanlagen abgebaut. Ein Beispiel ist das Gschwender Horn in den Allgäuer Alpen, an dem das ehemalige Skigebiet ab 1994 rückgebaut und vollständig renaturiert wurde.

1450 Meter ist das Horn in der Nähe von Immenstadt hoch – zu niedrig für das entscheidende Kriterium Schneesicherheit. Ganz ähnlich ist die Situation am Grünberg (1497 m), dem Hausberg von Obsteig. In den 1950er-Jahren hatte die Tiroler Gemeinde einen Lift bis unterhalb des Gipfels bauen lassen, doch der Klimawandel brachte den Betrieb allmählich an die Grenzen der Rentabilität. Statt auf Schneekanonen zu setzen, baute die Gemeinde die Masten des Sessellifts samt Fundamenten bereits Anfang der 2010er-Jahre wieder ab. Zwar existierten

Trotz Hightech und GPS dauert die Pistenpräparierung am Kitzsteinhorn bis tief in die Nacht hinein.

Ganz egal, ob im Graswangtal in den Ammergauer Alpen oder am Jenner in Berchtesgaden: Immer öfter sind sogar die Hochlagen der Berge bis in den Januar hinein nur angezuckert.

Pläne, das kleine Skigebiet über den Simmering (2096 m) zu erweitern und mit anderen Gebieten zu verbinden: Gesamtkosten circa 30 Millionen Euro. Doch die Klimakrise habe die Gemeinderäte anders entscheiden lassen. »Für so ein Skigebiet bekommst du auch keine Finanzierung mehr«, sagte der damalige Bürgermeister Hermann Förster in einer Fernsehdokumentation mit Felix Neureuther. Seither betreibt Obsteig nur noch einen Übungshang für Familien und setzt ansonsten auf Ökotourismus. Das ehemalige Lifthäuschen am Berg oben, ein kleiner quadratischer Holzbau, hat die Gemeinde stehen gelassen. Die Tür ist offen – für Skitourengeher, die sich aufwärmen wollen, wenn denn mal Schnee liegt.

Der Ex-Skirennläufer ist dennoch überzeugt davon, dass Skifahren kein Auslaufmodell ist. »Die Menschen sehnen sich nach dem Erlebnis in der Natur und sind bereit, dafür Geld auszugeben«, sagt er. Allerdings sieht Felix für die Zukunft die

Gefahr, dass Skilaufen an Breite verliert und zum exklusiven Sport für zahlungskräftige Kunden wird. »Der Aufwand, die Gebiete aufrechtzuerhalten, wird noch größer werden«, prophezeit der Garmisch-Partenkirchner, »und die höher gelegenen Gebiete werden massiv profitieren.« Nicht weit von seinem Heimatort hat der Betreiber des kleines Wintersportgebiets am Kolbensattel in Oberammergau in der Wintersaison 2024/25 den Skibetrieb eingestellt und will nun vor allem mit Rodlern Geld verdienen. Wie im Tiroler Obsteig gibt es nur noch einen beschneiten und präparierten Skihang für den Nachwuchs. Doch wie lange werden sich solche Angebote für die Kleinen noch halten können? »Von der romantischen Vorstellung, dass es, wie früher, überall in den Talorten der Alpen Kinderpisten gibt, werden wir uns verabschieden müssen«, sagt Felix. An seiner Stimme spürt man, wie schwer dem Ski-Enthusiasten die Vorstellung fällt.

KITZSTEINHORN
K-ONNECTION
KITZSTEINHORN

Links: Noch lebt er, der Traum vom Wintermärchen, zumindest oberhalb der 3000-Meter-Grenze, wie am Kitzsteinhorn (3203 m). Oben: Was der Schnee im Winter verschleiert, tritt im Sommer in hochalpinen Skigebieten zutage: verwüstete Hochgebirgsnatur am Trockenen Steg unter dem Matterhorn.

Auch am Jenner in den Berchtesgadener Alpen ist seit der vergangenen Wintersaison Schluss mit Beschneiung und Pistenpräparierung. Die erst im Jahr 2019 erneuerte Kabinenbahn ist nunmehr Rodlern, Schneeschuh- und Skitourengehern sowie Winterwanderern vorbehalten. Die Kosten für den Skibetrieb stünden in keinem Verhältnis mehr zu den Einnahmen, sagt Thomas Mühlthaler, Vorstand der Jennerbahn. Die Bahn bietet jetzt neben Schneeschuhtrails einen präparierten Weg rund um die Bergstation an, der eine Ausstellung zum Nationalpark Berchtesgaden miteinschließt.

Ein zukunftsorientiertes Skigebiet

1153 Skigebiete mit insgesamt gut 26 000 Pistenkilometern gibt es laut dem Unternehmen »Skiresort Service International GmbH« derzeit noch in den Alpen. 803 davon reichen bis 2000 Meter über Meereshöhe, das sind 70 Prozent. 508, also 44 Prozent, kommen gar nur auf maximal 1500 Meter. Dass niedrig gelegene Skigebiete umdenken müssen, ist Felix Neureuther bewusst. »Man darf aber den Menschen die Freude am Skifahren nicht nehmen«, sagt er. Nur wie kann das auf eine verantwortungsvolle Weise funktionieren?

Das Beispiel Kaprun am Kitzsteinhorn ist in diesem Sinne zukunftsweisend. Auf Sommerskibetrieb, was einst der Gründungszweck war, verzichtet das Gletscherskigebiet schon seit Längerem, berichtet der Vorstand der Gletscherbahnen Kaprun AG, Thomas Maierhofer. »Das passt einfach nicht mehr in Zeiten des Klimawandels.« Stattdessen propagiert das Skigebiet mit seinen 24 Seilbahnen und Liften eine »Dekarbonisierungsstrategie«, wie Maierhofer erläutert. Der Strom für die Seilbahnen und Beschneiungsanlagen stamme aus eigenen PV-Anlagen und der Wasserkraft der benachbarten Kraftwerksgruppe Kaprun. Die Beschneiungsanlage sei so konzipiert, dass sie als kombinierte Pump- und Turbinenanlage außerhalb der Wintersaison selbst Strom produziert – als Speicherkraftwerk. Und die größten CO_2-Emittenten, die Pistenfahrzeuge, habe man in den letzten beiden Saisons komplett von Diesel auf den teureren HVO-Treibstoff umgestellt, also Biodiesel aus Ölen und Fetten. 90 Prozent des früheren CO_2-Ausstoßes ließen sich damit einsparen, 1300 Tonnen jährlich, bilanziert Maierhofer. »Wir haben inzwischen keinen einzigen fossilen Energieträger mehr zum Beheizen unserer Gebäude«, ergänzt er.

Effektiver Klimaschutz im Outdoorsport

Eine mit Ökostrom betriebene Dreiseilumlaufbahn bringt Skifahrer seit ein paar Jahren direkt vom Ortszentrum Kaprun zum Skigebiet Kitzsteinhorn und spart so circa 1,5 Millionen Pkw-Kilometer pro Jahr, bilanziert der Vorstand. Dazu muss man wissen, dass die Gäste früher die sieben Kilometer vom Ort bis zur Talstation hin- und wieder zurückfahren mussten. »Wir wollen unseren CO_2-Fußabdruck bestmöglich reduzieren«, sagt Maierhofer. Ein Satz, der genauso von der Non-for-Profit-Organisation »Protect Our Winters (POW)« stammen könnte. 2007 vom Profi-Snowboarder Jeremy Jones in den USA gegründet, ist POW inzwischen in 13 Ländern weltweit vertreten. »Wir verstehen uns als die Klimaschutzorganisation der Outdoorsport-Community«, sagt Ana Zirner, stellvertretende Vorsitzende von POW Deutschland. Die Abenteurerin und Buchautorin betont, dass es nichts bringe, den Kopf in den Sand zu stecken. »Wir gehen extrem positiv an das Thema ran.« POW suche den Kontakt mit Playern aus der Outdoorbranche, zu Athleten genauso wie zu Firmen. »Wir geben Workshops, zum Beispiel, wie man Greenwashing verhindern kann, und vermitteln Zertifizierungen«, sagt Zirner. Vor den bayerischen Landtagswahlen habe man Politiker zum »Klimadialog am Berg« eingeladen, ein informeller Austausch mit dem Ziel, Wintersport auch in Zukunft zu ermöglichen.

Der Leitsatz der POWler, die nach eigenen Angaben auf ein Netzwerk von 130 000 Unterstützern weltweit bauen können, lautet: »Besser man bewegt sich gemeinsam als gar nicht.«

Felix Neureuther lebt noch immer seinen Traum (am Rettenbachferner) – Freude mit Ablaufdatum?

Quellen

Internetquellen:

https://www.br.de/berge/permafrost-forschung-zugspitze-um-weltforschungsstation-schneefernerhaus100.html

https://wasser-bayern.de/2025/01/18/deutscher-alpenverein-in-sorge-um-die-wasserversorgung-zahlreicher-berghuetten/

https://www.alpenverein.at/portal/klimastrategie/Klimafreundlichste-Sektion/Projekte/Wasserstoffanlage.php

https://diglib.uibk.ac.at/ulbtirolfodok/download/pdf/7889031

https://www.alpenverein-muenchen-oberland.de/umwelt/klimaschutz/nachhaltiger-huettenbetrieb-anah/projekt-zum-nachhaltigen-huettenbetrieb/anah-abschluss/ergebnisse

https://www.ardmediathek.de/video/Y3JpZDovL2JyLmRlL2Jyb2FkY2FzdC9GMjAyM1dPMDA4MDUxQTE

https://www.cee.ed.tum.de/wb/labore/versuchsanstalt-obernach/modellversuche/

https://www.repower.com/ch/wissen/projekt-chlus

https://www.tiwag.at/unternehmen/ueber-uns/news/gruenes-licht-fuer-kraftwerksprojekt-imst-haiming/

https://www.nant-de-drance.ch/de/

https://emosson.ch/de/kennzahlen

https://www.blick.ch/schweiz/bondo-vermisste-werden-laut-geologe-beat-keller-47-wohl-nie-gefunden-da-wird-praktisch-alles-darunter-zermalmt-id7213562.html

https://www.srf.ch/wissen/natur-tiere/bergsturz-in-bondo-was-geschah-am-piz-cengalo-wirklich

https://habste.ch/wp-content/uploads/2024/07/2023-12-22-BEO-Gutachten.pdf

https://www.sac-cas.ch/de/huetten-und-touren/sac-tourenportal/capanna-di-sciora-cas-2147000245/

https://www.tagesschau.de/ausland/europa/dolomiten-unglueck-101.html

https://www.sueddeutsche.de/panorama/italien-dolomiten-gletscher-marmolata-1.5614274

https://www.sueddeutsche.de/panorama/unfaelle-opferzahl-nach-dolomiten-katastrophe-steigt-dpa.urn-newsml-dpa-com-20090101-220704-99-897452

https://www.br.de/nachrichten/deutschland-welt/riesiger-bergsturz-am-fluchthorn-in-den-tiroler-alpen,Tgwlh5P

https://www.cipra.org/de/positionen/wasserkraft-im-alpenraum

https://www.partnachklamm.de/de/Historie

https://www.lfu.bayern.de/geologie/bayerns_schoenste_geotope/16/index.htm

https://www.bund-naturschutz.de/ueber-uns/erfolge-und-niederlagen/partnachklamm-staumauer#:~:text=110%20Meter%20hoch%20und%20130,Klamm%20sollten%20dafür%20gesprengt%20werden

https://badw.de/fileadmin/user_upload/Files/BADW/Neuigkeiten/2021/04-21/Bayerischer_Gletscherbericht_2021_bf_low-DS_n.pdf

https://www.dwd.de/DE/presse/pressemitteilungen/DE/2024/20241230_deutschlandwetter_jahr_2024.pdf?__blob=publicationFile&v=4

https://www.dwd.de/DE/presse/pressemitteilungen/DE/2025/20250401_pressemitteilung_klima-pk.pdf?__blob=publicationFile&v=3

https://www.skiresort.de/skigebiete/alpen/

https://protectourwinters.de/unsere-arbeit/ueber-pow/

https://www.plattformj.ch/artikel/181060/

https://www.swissinfo.ch/ger/gletscherabbruch-am-eiger-20-000-kubikmeter-eis-abgestuerzt/42398978

https://de.wikipedia.org/wiki/Gesang_der_Geister_über_den_Wassern

https://murnauermoos.de/index.php/natur-u-landschaft/das-moor

https://www.uni-greifswald.de/forschung/nachrichten-aus-der-forschung/detail/n/bundesverdienstkreuz-fuer-moorkundler-hans-joosten-new6333528c94afd971290044/

https://www.otto.de/unternehmen/de/kundenfokus/paludi-die-innovative-verpackungsloesung-von-otto

https://www.hall-wattens.at/de/zirbe-aelteste-baum-in-tirol.html

https://www.meranerland.org/de/highlights/sehenswuerdigkeiten/ultner-urlaerchen/

https://boku.ac.at/universitaetsleitung/rektorat/stabsstellen/oeffentlichkeitsarbeit/themen/presseaussendungen/presseaussendungen-2023/17032023-der-wald-der-zukunft-ist-anders

https://rhesi.org

https://www.bafu.admin.ch/bafu/de/home/themen/naturgefahren/dossiers/grossprojekte-hochwasserschutz/rhone-korrektion.html

Buch- und Magazinquellen:

Lana Bragin, Stefan Spiegel (Hrsg,), Tobias Weber, Björn Köcher: Das Alpenbuch, Marmota Maps, 2020

Esther Gonstalla: Das Waldbuch, oekom verlag München, 2021

National Geographic Deutschland, Ausgabe 04/2025, S.24–53

Der Alpenwald. Eine Natur- und Kulturbeschreibung aus 20 Perspektiven, Benevento Verlag 2022

Annie Proulx: Moorland. Plädoyer für eine gefährdete Landschaft, Luchterhand Literaturverlag, München 2023